KB160479

비대면 시대
바르고
건강하게 살기

비대면 시대
바르고
건강하게 살기

초판인쇄 2020년 12월 31일
초판발행 2020년 12월 31일

지은이 김범수, 김승현, 김재엽, 도보람, 박경기, 양희동,
　　　　 오주현, 장대연, 장재영, 최강식, 최정혜, 한치훈, 한영애
펴낸이 채종준
펴낸곳 한국학술정보(주)
주소 경기도 파주시 회동길 230(문발동)
전화 031 908 3181(대표)
팩스 031 908 3189
홈페이지 http://ebook.kstudy.com
E-mail 출판사업부 publish@kstudy.com
등록 제일산-115호(2000. 6. 19)

ISBN 979-11-6603-282-0 93500

BARUN ICT Life Series 2

'빠른'을 넘어 '바른' ICT로

비대면 시대 바르고 건강하게 살기

김범수, 김승현, 김재엽, 도보람, 박경기, 양희동, 오주현,
장대연, 장재영, 최강식, 최정혜, 한치훈, 한영애 지음

환경으로부터의 도전, 신종 코로나바이러스 감염증(COVID-19)은 우리 사회를 얼마나 변화시켰나?

2019년에 연세대학교 바른ICT연구소가 출간한 ≪BARUN ICT Life Series 1-스마트 시대 바르고 건강하게 살기≫의 서문 제목이 '머지않은 미래, 우리 삶은 얼마나 달라질 것인가?'였다. 당시에는 ICT(Information and Communications Technology)를 기반으로 한 4차 산업 혁명이 우리 사회를 어떻게 변화시켰고, 앞으로 어떻게 영향을 줄 것인가에 대해 천착했었다. 불과 1년 전에 우리 대부분은 바이러스 하나가 전 세계의 경제와 사회 활동 전반을 마비시키고 기술과 사회를 추동하는 새로운 요인이 될 것이라는 점을 예측해 내지 못했다. 이로 인해 바이러스 하나에 인류가 수천 년간 4번의 기술 혁명을 통해 쌓아온 정교한 사회 시스템이 마비되는 상황을 맞았다. 과학과 기술로 사회의 변화를 선도해 오던 인간에게 자연의 작은 도전 하나가 인간을 다시 자연의 미물로 돌려놓은 것이다.

따라서 바른ICT연구소는 연구소가 기존에 추구해 오던 올바른 ICT 사용을 고민하던 수준을 넘어 신종 코로나바이러스 감염증으로 인한 우리 사회의 변화와 적응 문제도 심도 있게 고민해 보고자 한다. 특히 우리 전문가 그룹은 우리 사회에서 코로나바이러스가 개인과 사회에 미치는 영향을 다각도로 분석하고, 개인과 우리 사회가 코로나바이러스에 어떻게 적응하고, 대응하고, 변화하고 있는가를 다루고자 한다.

이 책은 신종 코로나바이러스 감염증 확산에 따라 국가별로 바이러스 확산 방지를 위해 ICT가 어떻게 활용되고 있는지를 비교 분석(김승현)하는 것을 시작으로 스마트폰에 의존하는 청소년들을 분류하고 특성을 살펴본 후 청소년 자살 감소 방법을 모색(김재엽, 장대연)해 보고자 한다. 코로나바이러스 감염증이 직장인의 모바일 행동(도보람, 최정혜)과 코로나19사태 이후 LEAD 산업(Luxury, Entertainment, Art and Design)에 끼친 변화(양희동)를 통해 개인과 사회가 코로나바이러스 환경에서 어떻게 영향을 받고, 어떻게 적응하고 있는지 살펴보고자 한다. 또한 기술 진보가 한국의 총노동수요에 미치는 영향을 분석함으로써 ICT가 한국 사회에 미친 영향을 분석(최강식, 박경기)하고자 한다. 스마트폰 사용자가 정보를 습득하면서 발생하는 미확인 정보를 비판적으로 수용할 수 있는 방안(한영애)과 인공지능 기술을 활용한 독거 어르신을 돌봄 서비스의 가능성을 제시(김범수, 오주현, 한치훈)함으로써 ICT가 우리 사회의 발전과 사회의 행복을 위한 긍정적 활용 가능성을 제시해 보고자 한다. 마지막으로 신종 코로나바이러스로 인한 기업의 직원 감시 증가와 대응 방안을 제시함으로써 위치 추적과 감시 기술 도입에 따른 부작용 최소화 방법을 고민(장재영, 김범수)해 보고자 한다.

이번 시리즈를 통해 신종 코로나바이러스 감염증의 확산이 국가의 ICT

수준은 물론 스포츠나 예술과 같은 럭셔리 산업에도 많은 영향을 주고 있음을 확인했다. 또한 기업의 코로나 대응과 변화된 환경에 따라 직장 내 감시와 같은 새로운 도전이 발생하고 있음도 아울러 확인할 수 있었다. 이 외에도 ICT는 노동의 총 수요에 영향을 주고 사회의 다양한 분야에 영향을 준 것은 물론 독거 어르신의 돌봄과 같은 ICT의 따뜻한 활용 가능성도 확인할 수 있었다. 이러한 결과물을 통해 독자들이 ICT의 활용에 대한 더욱 다양한 시각을 가지기를 바란다. 이번 원고들이 다양한 사회 변화상의 일부를 다룰 뿐이지만, 독자들과의 소통을 통해 ICT의 바람직한 활용과 이를 통한 바른 ICT 구현이 실현되기를 기대해 본다.

저자들을 대신하여

연세대학교 정보대학원 원장/바른ICT연구소장

김범수

Contents

I

신종 코로나바이러스(COVID-19) 확산 방지를 위한 ICT의 역할에 대한 탐색적 국가 간 비교 분석 연구

김승현(연세대학교 경영대학)

1. 코로나19의 전 세계적인 확산

2019년 12월 처음 발견된 신종 코로나바이러스(COVID-19)는 전 세계로 확산되어 불과 9개월이 지난 2020년 9월 5일까지 2천7백만 명의 감염 환자를 발생시켰다(Arcgis, 2020). 이와 같은 전 세계적인 전염병 유행은 20세기 초반 5천만 명 이상의 사망자를 낸 스페인 독감, 1950년대 전 세계적으로 1백만 명의 사망자를 낸 아시아 독감 이후로는 비슷한 사례를 찾기 힘들 정도로 규모가 큰 사례이다. 2015년 유행한 중동호흡기증후군(Middle East Respiratory Syndrome, MERS)은 2020년 1월까지 전 세계적으로 2천5백 명의 환자를 발생시켰으며(WHO, 2020b), 2000년대 초반의 중증급성호흡기증후군(Severe Acute Respiratory Syndrome, SARS)은 약 8천 명(WHO, 2020a), 2009년의 인플루엔자 A(H1N1)는 약 50만 명의 환자를 발생시킨 수준이었다(CDC, 2020). 신종 코로나바이러스는 전염성도 높지만 사망자도 2020년 9월까지 89만 명을 넘어서 전체 감염 환자의 3.3% 정도에 이를 정도로 치명률도 비교적 높은 편이다. 이와 같은 높은 전염성과 사망률을 가진 신종 코로나바이러스는 전 세계의 사회, 경제, 문화 등에 막대한 악영향을 미치고 있다. 이에 따라 많은 국가들이 신종 코로나바이러스의 확산을 막기 위해 수많은 인력과 비용을 투입하고 있지만 확산을 막는 데에는 역부족인 모습이다. 따라서 신종 코로나바이리스의 확산 방지는 전 지구적인 이슈로 대두됐다. 여기서 주목할 점은 신종 코로나바이러스가 높은 전염성을 가졌지만 국가별로 확산 추이가 크게 차이 나고 있다는 점이다. 이러한 국가별 차이가 발생하는 이유는 여러 가지가 있겠지만 본 연구에서는 소위 언택트(untact)를 가능하게 하는 ICT(Information and Communications Technology) 인프라의 역할에 초점을 맞추고자 한다. 국가의 다양한 ICT 인프라는 정보투명성 제고, 비대면 업무 지원, 전자상거래, 원격의료 등을 통해 신종 코로나바이러스 확산 방지에 기여하는 부분이 클 것으로 기대되지만 이에 대한 정량적인 연구가 부족한 실정이다.

구체적으로 본 연구에서는 신종 코로나바이러스 확산 방지에 기여할 수 있을 것으로 기대되는 일반적인 비대면 관련 ICT 인프라와 의료 관련 ICT 인프라가 국가별 확진자 수, 치명률(사망률), 1천 명의 확진자 수까지 걸린 시간에 미친 영향을 분석하고자 한다. 일반적인 비대면 관련 ICT 인프라로는 광대역 인터넷 속도와 국가별 개인 신용카드 보유율을 포함했고 의료 관련 ICT 인프라로는 원격의료 정책 및 전략 유무, 정부 지원 다국어 건강 관련 인터넷 사이트 유무, 의료 종사자의 의료 ICT 트레이닝 실시 유무, 의료시스템 관련 국가 정책 존재 유무를 포함했다. 이와 같은 2차 자료 분석을 통해 신종 코로나바이러스 확산 방지를 위한 ICT 역할에 대한 탐색적인 국가 간 비교 연구를 시행함으로써 본 연구는 향후 2차 혹은 3차 유행을 방지하기 위한 ICT 투자 및 관련 정책 효율성 제고 영역을 발굴하고자 한다. 또한 향후 이론적 배경을 바탕으로 보다 심도 있는 연구 수행을 위한 기반을 제공할 수 있을 것으로 기대된다.

2. 바이러스 확산 방지에 대한 ICT 활용 방안

신종 코로나바이러스와 같이 치명적인 바이러스가 전 세계적으로 발생한 경우는 현대 문명에서 빈도가 높지 않았기 때문에 이와 관련한 경영, 경제 및 정책 관련 분야의 선행 연구가 부족한 실정이었다. 하지만 최근 들어서는 신종 코로나바이러스의 심각성 때문에 관련 이슈가 학계의 많은 관심을 받고 있다. 정보시스템을 포함한 경영 관련 분야에서는 신종 코로나바이러스 이슈와 관련해서 ICT 활용과 질병 확산 혹은 의료의 효율성 관계에 대한 연구들이 많은 관심을 받고 있다.

최근 연구 결과에 따르면, ICT가 개인 간의 교류를 활성화함으로써 전염병의 전파가 늘어날 수 있음을 밝혀냈다. Chan과 Ghose(2014)는 미국의 온라인 장터 플랫폼인 Craigslist가 진입한 도시에서 후천성면역결핍증(human immunodeficiency virus, HIV)의 감염이 연간 6천 건 정도 증가함을 보였다. 이는 해당 플랫폼을 통해서 개인 간 교류가 증가하고 이를 통한 데이트 상대를 찾는 일이 많아진 결과로 해석됐다. 또한 Greenwood와 Agarwal(2016)은 위에 언급한 Craigslist가 HIV 전파에 미친 영향을 재확인하는 한편 이 영향이 지역 병원, 흑인 그룹, 상대적 고소득층에 더 컸음을 추가적으로 밝혀냈다.

이에 비해 의료 관련 연구에서는 ICT가 치료의 효율성을 높이는 긍정적인 효과가 있음을 밝혀냈다. Athey와 Stern(2002)은 미국에서 IT에 기반한 E911 서비스를 도입한 이후 구급차가 환자 위치에 도착한 시점에서의 건강 상태, 퇴원 후 사망률, 병원 비용 등이 모두 개선된 결과가 있음을 보였다. Miller와 Tucker(2011)는 의료 관련 ICT에서 중요한 요소인 전자 건강 기록 시스템(Electronic Health Records, EMR)이 영아 사망률 감소에 크게 기여했음을 보였다. Sun 외(Forthcoming)는 응급실과 관련한 원격의료(Telemedicine)가 환자들의 응급실 체류 및 대기 시간을 유의하게 감소시키는 효과가 있음을 밝혀냈다. 특히 주목할 점은 이러한 효과가 의료의 품질을 저하시키거나 환자의 비용을 증가시키지 않고 이루어졌다는 점이다.

최근 들어 경영 및 경제 관련 분야에서는 신종 코로나바이러스 확산과 관련된 다양한 연구들이 활발하게 진행되고 있다. Choudhury 외(2020)는 신종 코로나바이러스로 인한 재택근무자가 그렇지 않은 비재택근무자에 비해 온라인 Q&A 커뮤니티에서 훨씬 적은 기여(contribution)를 하고 있음을 밝혀냈다. 또한 재택근무자들이 이 사태로 인해 훨씬 높은 심리적 비용을 치르고 있음도 밝혀냈다. 또한 Tucker와 Yu(2020)는 미국의 신종 코로나바이러스 사태로 인한 식당 영업 제한이 수요에 미친 영향을 연구했다. Ghose 외(2020)는 미국인들이 신종 코로나바이러스 사태에 대해 개인 프라이버시 관점에서 어떻게 반응했는지를 연구한 바 있다. 흥미로운 결과는 공화당 지지 성향이 강한 도시에 비해 민주당 지지가 강한 도시의 시민들이 지리 정보를 공유하는 서비스에서 옵트 아웃(opt-out) 비율이 더 크게 감소했다는 점이다. 마지막으로, 의료 정책의 효과성 관점에서 Atalan(2020)은 49개 국가의 자료

분석을 통해 국가의 락다운(lockdown) 정책 시행이 신종 코로나바이러스 확산 방지에 효과가 있음을 밝혀냈다. 이와 같이 최근 다양한 관점에서 신종 코로나바이러스 사태의 영향에 대한 연구가 진행되고 있으나 비대면 관련 ICT 인프라와 의료 관련 ICT 인프라의 관점에서 이들이 신종 코로나바이러스 확산 방지에 기여할 수 있는지에 대한 연구는 미미한 실정이다. 따라서 본 연구가 최근 들어서 증가한 신종 코로나바이러스 관련 연구 중 국가 정책 관점에서의 연구 분야에 기여를 할 수 있을 것으로 기대된다.

3. 비대면 ICT 인프라와 의료 ICT 인프라의 영향력

3.1 분석 자료

본 연구의 분석 대상 국가는 신종 코로나바이러스 관련 변수인 누적 감염자 수, 치명률, 국가별 최초 감염자 확진 날짜 및 1천 명째 감염자 확진에 대한 통계가 있는 국가로 제한했다. 또한 이들 국가 중 사회, 경제, 인구통계학적 자료와 e-commerce, 비대면, 의료 관련 IT 인프라 현황에 대한 자료가 존재하는 국가들을 위주로 분석했다. 주요 분석 대상인 국가들에 대해 본 연구에서는 해당 국가의 가장 최근 자료를 통합해 횡단면 조사 분석에 사용했다. 자료 출처는 United Nations, World Bank, World Health Organization(WHO), Worldometers, ourworldindata, Ookla와 위키피디아 검색 등이다. 전체 분석에서 중국은 제외했다. 이는 신종 코로나바이러스의 초기 확산지로써 확산과 통제 정책의 양상이 다른 국가와는 많이 달랐기 때문에 결과의 편향을 최대한 줄이기 위함이다.

다만 국가 통계 자료의 경우 국가에 따라 결측치가 일부 있다. 분석 결과에 따르면, 최대 99개 국가만이 비대면, 의료 관련 ICT 인프라에 대한 측정치가 존재했다. 분석에 포함된 국가들을 〈그림 1〉에 시각화했다. 그림에서 주황색으로 표시된 국가는 통제변수와 비대면 및 의료 관련 ICT 인프라 변수들에 대한 측정치가 존재하는 국가들이며 파란색으로 표시된 국가는 통제변수에 대한 측정치만 존재하고 비대면 및 의료 관련 ICT 인프라 변수들에 대한 측정치가 존재하지 않는 국가들이다. 이 중 비대면 및 의료 관련 ICT 인프라 변수의 결측값 때문에 파란색으로 표시된 12개 국가들은 분석에서 제외했다. 그림에서 회색으로 표시된 국가는 본 연구 분석에서 제외된 국가들이다.

3.1.1 주요 종속변수

본 연구에서는 세 가지 종속변수를 사용했다. 첫 번째 종속변수는 2020년 7월 28일 기준 국가별 누적 신종 코로나바이러스 감염자 수이다. 두 번째 종속변수는 치명률로써 신종 코로나바이러스 누적 감염자 수 대비 사망자 수를 사용했다. 이 두 변수에 대한 자료는 Worldometer에서 수집했다. 세 번째 종속변수는 신종 코로나바이러스의 초기 전파 속도를 보기 위해 국가별 첫 확진자가 나온 날부터 1천 번째 확진자가 나온 날까지 걸린 일 수를 사용했다. 이 중 치명률의 경우 2020년 7월 28일 현재 사망자에 대한 정확한 통계가 없는 국가들은 분석에서 제외했다. 또한 초기 전파 속도 변수

〈그림 1〉 분석 포함 국가

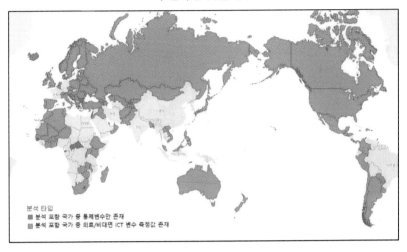

의 경우에도 2020년 7월 28일 현재 1천 명의 환자가 보고되지 않은 국가들이 존재해 이들 국가도 분석에서 제외했다.

3.1.2 주요 독립변수

본 연구에서는 국가별 신종 코로나바이러스 확산에 영향을 줄 수 있을 것으로 기대되는 각 국가의 다양한 사회, 경제, 인구통계학적 변수들과 비대면 ICT 및 의료 ICT 인프라 관련 변수들을 선정해 독립변수로 사용했다. 본 연구의 관심사인 비대면 관련 ICT 인프라로는 광대역 인터넷 속도와 국가별 개인 신용카드 보유율을 포함했고, 의료 관련 ICT 인프라로는 원격의료 정책 및 전략 유무, 정부 지원 다국어 건강 관련 인터넷 사이트 유무, 의료 종사자의 의료 ICT 트레이닝 실시 유무, 의료시스템 관련 국가 정책 존재 유무를 포함했다. 개인 신용카드 보유율을 비대면 관련 ICT 인프라에 포함한 이유는 국가별 전자상거래 성숙도 등과 관련된 변수를 수집하기 어렵기 때문에 전자상거래 활성화와 밀접한 관계가 있는 신용카드의 보급 정도를 대체 변수로 보았다. 의료시스템 관련 국가 정책 존재 유무 변수는 국가적 전자건강기록(Electronic Medical Records) 시스템이나 세계 보건 기구(Universal Health Coverage, UHC)를 위한 ICT 사용 전략 혹은 의료정보시스템 관련 정책 존재 유무를 기반으로 코딩했다.

통제변수로는 첫 확진자 발생 후 한 달 안에 국가적 락다운 실시 여부, 경제 규모 지표로써 구매력평가 지수(Purchasing Power Parity)를 기반으로 계산한 GDP(Gross Domestic Product), 전체 노동 인구 대비 실업률, 인구밀도, 전체 인구 대비 60세 이상 인구 비율, 연평균 강수량(mm), 연평균 온도(°C)를 사용했다. 지금까지 설명한 변수들 중 상당수가 좌측으로 쏠린(skewed) 분포를 따르기 때문에 비율로 코딩된 변수를 제외한 변수들을 정규분포에 가깝도록 로그 변환했다. 최종적으로 분석에 사용한 변수들과 구체적인 코딩 방법은 〈표 1〉과 같다.

변수명	변수 설명	자료 출처
종속변수		
Log_Total_case	log(국가별 누적 코로나 확진자 수) (2020.07.28 기준)	Worldometers
Fatality_Rate	국가별 확진자 수 대비 사망자율(치명률) (2020.07.28 기준)	Worldometers
Log_No_of_Days	log(국가별 첫 확진자부터 1천 번째 확진자가 발생하기까지 걸린 일 수)	ourworldindata.org
통제변수		
Early_Response	국가별 첫 확진자 발생 후 한달 안에 국가적락다운 실시 여부 (1=국가적 락다운 유, 0=무)	Wikipedia
Log_GDP_PPP	log(구매력평가 지수를 기반으로 계산한 GDP)	World Bank
Unemployment_rate	국가별 전체 노동 인구 대비 실업률	World Bank
Log_Population_density	log(해당 국가 인구 밀도)	World Bank
Pop_60_or_over_rate	국가별 전체 인구 대비 60세 이상 인구 비율	United Nations
Log_Rainfall	log(국가별 연평균 강수량(mm))	World Bank
Temperature	국가별 연평균 온도(℃)	World Bank
비대면 관련 ICT 인프라		
CreditCard_Own_rate	국가별 개인 신용카드 보유율(%)	World Bank
Log_broadbandSpeed_Mbps	log(광대역 인터넷 속도(Mbps))	Ookla
의료 관련 ICT 인프라		
TeleHealth_policy	원격의료 정책 및 전략 유무(1=있음, 2=명시되어 있지는 않지만 암시되어 있음, 0=없음)	World Health Organization
Govt_Health_websites	정부 지원 다국어 건강 관련 인터넷 사이트 유무(1=사이트 유, 0=무)	World Health Organization
Training_ICT_Health	의료 종사자 Healthcare ICT 트레이닝 실시 유무(1=트레이닝 실행, 0=미실행)	World Health Organization
Overall_HIS	국가별 1) 국가적 EHR, 2) UHC(Universal Health Coverage)를 위한 ICT 사용 전략, 3) HIS(Health Information System) 정책 존재 유무(1=셋 중 하나 이상 해당, 0=전부 해당 안 됨)	World Health Organization

3.2 분석 방법

분석은 세 가지의 종속변수에 대해 회귀분석 모형을 사용했다. 구체적인 모형은 다음과 같다.

$$확진자 수_i = \alpha_1 + \beta_{11}통제변수i + \beta_{12}비대면ICT인프라_i + \beta_{13}의료ICT인프라_i + \epsilon_{1i} \qquad (1)$$

$$치명률_i = \alpha_2 + \beta_{21}통제변수_i + \beta_{22}비대면ICT인프라_i + \beta_{23}의료ICT인프라_i + \epsilon_{2i} \qquad (2)$$

$$전파속도_i = \alpha_3 + \beta_{31}통제변수i + \beta_{32}비대면ICT인프라_i + \beta_{33}의료ICT인프라_i + \epsilon_{3i} \qquad (3)$$

계수의 추정을 위해서는 최소자승법(Ordinary Least Squares, OLS)을 사용했다. 각각의 식에서 i는 개별 국가를 의미한다. 앞서 언급했듯이, 초기 전파 속도 변수의 경우에 2020년 7월 28일 현재 1천 명의 환자가 보고되지 않은 국가들이 존재해 이 국가들은 분석에서 제외했다. 이 국가는 중도 절단된 자료 (Censored Data)의 특성을 보이므로 보다 정밀한 분석을 위해서는 추후에는 생존분석(Survival Analysis)을 실시하는 것도 바람직해 보인다.

먼저 전체 국가를 분석했으며 이후에 상대적으로 국가 발전도가 낮은 국가들, 인구밀집도가 낮은 국가들만을 분리해 추가로 분석했다. 이는 비대면 관련 ICT 인프라와 의료 관련 ICT 인프라의 영향력이 상대적 국가 발전도가 낮은 국가에 더 크게 나타날 수 있을 것으로 생각되기 때문이다. 또한 인구밀집도가 높은 국가의 경우에는 물리적으로 접촉을 피하기 어려운 반면 인구밀집도가 낮은 국가의 경우는 오히려 비대면 ICT가 그 효과를 발휘할 수 있거나 낮은 인구밀도로 인한 지역의 의료 서비스가 부족한 경우 의료 ICT 인프라의 필요성이 더 높을 것으로 기대되어 추가적인 분석을 실시했다. 이를 위해서 구매력 평가 기준으로 GDP 상위 30% 국가를 제외한 분석, 인구 밀집도 상위 30%를 제외한 분석을 추가로 실시했다. 구매력 평가 기준으로 GDP 상위 30% 국가를 제외한 분석에서는 최대 59개 국가, 인구 밀집도 상위 30%를 제외한 분석은 최대 73개 국가를 분석했다.

4. 코로나바이러스와 ICT 기술의 상관관계

4.1 주요 분석

먼저 본 분석에 사용된 변수들에 대한 기술통계량과 상관관계표는 각각 〈표 2〉부터 〈표 3〉에 제시했다. 〈표 2〉의 관측 수(N)는 최초에 수집한 전 세계 모든 국가 자료의 관측값의 수를 의미하며 실제 회귀분석에서는 관측치가 없는 국가의 경우 분석에서 제외했다. 또한, 로그 변환을 한 변수는 원래의 변수와 변환된 변수에 대한 기술통계량을 모두 제시했다.

〈표 2〉 기술통계량

변수명	관측 수	평균	표준편차	최솟값	최댓값
Total_case	181	93,122	404,572	17	4,498,343
Fatality_rate	164	3.297	3.522	0.053	28.420
No_of_Days	144	58.014	33.014	11.000	152.000
Early_Response	192	0.255	0.437	0	1
GDP_PPP(in Millions)	176	743,866	2,590,434	52	23,460,170
Unemployment_rate	177	6.995	5.219	0.091	28.181
Population_density	191	312.346	1,560.3	2.113	19,631.5
Pop_60_or_over_rate	182	12.623	8.212	2.799	34.015
Rainfall	190	100.689	70.258	1.533	309.705
Temperature	190	19.948	8.176	−4.965	29.286
CreditCard_Own_rate	154	17.026	20.365	0.000	83.000
broadbandSpeed_Mbps	164	39.178	35.776	1.780	191.930

변수명	관측 수	평균	표준편차	최솟값	최댓값
TeleHealth_policy	122	0.918	0.887	0.000	2.000
Govt_Health_websites	122	0.549	0.500	0.000	1.000
Training_ICT_Health	122	0.770	0.422	0.000	1.000
Overall_HIS	122	0.885	0.320	0.000	1.000
Log_Total_case	181	3.792	1.121	1.255	6.653
Log_No_of_Days	144	1.694	0.252	1.041	2.182
Log_GDP_PPP	176	10.913	1.030	7.716	13.370
Log_Population_density	191	1.916	0.600	0.493	4.293
Log_Avg_Rainfall	190	1.847	0.449	0.186	2.491
Log_broadbandSpeed_Mbps	164	1.446	0.377	0.444	2.285

〈표 3〉 상관관계표

	Variable name	1	2	3	4	5	6	7	8	9	10	11	12	13	14	15	16	17	18	19	20	21
1	Total_case																					
2	Fatality_rate	0.04																				
3	No_of_Days	-0.14	-0.17																			
4	Early_Response	-0.04	-0.01	-0.17																		
5	GDP_PPP	0.65	0.17	-0.16	-0.09																	
6	Unemployment_rate	0.00	0.03	0.08	0.14	-0.09																
7	Population_density	-0.02	-0.10	0.02	-0.06	-0.01	-0.10															
8	Pop_60_or_over_rate	0.10	0.27	-0.39	0.12	0.20	0.00	0.07														
9	Rainfall	-0.06	-0.10	0.07	-0.13	-0.10	-0.19	0.02	-0.08													
10	Temperature	-0.10	-0.18	0.35	-0.10	-0.22	-0.04	-0.02	-0.69	0.35												
11	CreditCard_Own_rate	0.20	0.20	-0.33	-0.08	0.25	-0.11	0.16	0.71	-0.06	-0.53											
12	broadbandSpeed_Mbps	0.16	0.18	-0.33	-0.04	0.30	-0.20	0.32	0.69	-0.06	-0.50	0.75										
13	TeleHealth_policy	0.12	-0.05	-0.11	-0.06	0.13	-0.04	0.00	0.08	-0.03	-0.14	0.13	-0.03									
14	Govt_Health_websites	0.08	0.12	-0.11	-0.07	0.00	0.02	0.05	0.41	-0.32	-0.44	0.32	0.31	0.18								
15	Training_ICT_Health	0.07	0.04	0.01	-0.10	0.10	-0.19	0.09	0.19	-0.07	-0.21	0.27	0.17	0.10	0.37							
16	Overall_HIS	0.06	0.08	-0.01	0.02	0.08	0.02	0.01	0.10	-0.24	-0.13	-0.05	-0.05	0.17	0.14	0.17						
17	Log_Total_case	0.43	0.13	-0.64	0.14	0.39	-0.05	-0.08	0.21	-0.36	-0.27	0.32	0.19	0.19	0.19	0.22	0.06					
18	Log_No_of_Days	-0.13	-0.17	0.95	-0.20	-0.15	0.05	0.05	-0.40	0.08	0.39	-0.34	-0.32	-0.11	-0.13	0.00	-0.05	-0.61				
19	Log_GDP_PPP	0.39	0.29	-0.52	0.15	0.48	-0.19	0.03	0.40	-0.41	-0.42	0.47	0.42	0.28	0.27	0.23	0.12	0.79	-0.50			
20	Log_Population_density	-0.05	0.02	-0.08	-0.08	0.04	-0.18	0.47	0.13	0.17	0.13	0.11	0.28	-0.02	-0.03	0.05	0.02	-0.03	-0.08	-0.02		
21	Log_Avg_Rainfall	-0.02	-0.02	0.04	-0.10	-0.03	-0.16	0.02	0.11	0.85	0.11	0.04	0.03	0.01	-0.25	-0.09	-0.21	-0.30	0.03	-0.30	0.25	
22	Log_broadbandSpeed_Mbps	0.17	0.12	-0.37	0.00	0.28	-0.18	0.21	0.71	-0.03	-0.53	0.71	0.91	0.00	0.29	0.19	-0.03	0.20	-0.38	0.41	0.16	0.06

앞서 설명한 회귀식 (1), (2), (3)의 추정 결과는 〈표 4〉와 같다. 확진자 수, 치명률, 전파속도에 대한 결과를 각각 〈표 4〉의 모형 (1), (2), (3)에 제시했다. 전체적인 모형의 설명력을 나타내는 R2는 모형별로 차이를 보이는데 각각 61%, 27%, 34%였다. 이는 치명률에 대한 정밀한 설명을 위해서는 국가의 정책이나 확진자 진단 방식, 기타 의료 환경 등 다양한 요소가 추가로 고려되어야 함을 보여준다. 이에 비해 누적 확진자 수는 61%가 설명되어 국가 특성 변수들이 국가별 누적 확진자 수의 차이를 상당 부분 설명할 수 있음을 알 수 있다.

〈표 4〉 모형 추정 결과

	Dependent variable :		
	Log_Total_case (1)	Fatality_rate (2)	Log_No_of_Days (3)
Log_GDP_PPP	1.122***	1.661***	−0.138***
	(0.116)	(0.563)	(0.044)
Unemployment_rate	0.035**	−0.048	−0.003
	(0.016)	(0.076)	(0.006)
Log_Population_density	0.245*	0.039	−0.061
	(0.129)	(0.618)	(0.047)
Pop_60_or_over_rate	−0.029*	0.145**	0.005
	(0.014)	(0.07)	(0.005)
Log_Avg_Rainfall	−0.269	0.27	0.05
	(0.172)	(0.848)	(0.065)
Temperature	−0.022*	−0.007	0.010**
	(0.011)	(0.058)	(0.005)
Early_Response_Yes	−0.036	−0.543	−0.075
	(0.148)	(0.714)	(0.054)
CreditCard_Own_rate	−0.002	0.002	0.0001

	Dependent variable:		
	Log_Total_case	Fatality_rate	Log_No_of_Days
	(1)	(2)	(3)
	(0.005)	(0.024)	(0.002)
Log_broadbandSpeed_Mbps	0.145	−1.501	−0.146
	(0.311)	(1.479)	(0.111)
TeleHealth_policy_Yes	0.107	−0.892	−0.012
	(0.18)	(0.89)	(0.066)
TeleHealth_policy_Implied	0.008	−1.229	0.005
	(0.154)	(0.748)	(0.056)
Govt_Health_websites_Yes	−0.219	−0.056	0.031
	(0.161)	(0.794)	(0.061)
Training_ICT_Health_Yes	0.204	−0.466	0.045
	(0.183)	(0.9)	(0.07)
Overall_HIS_Yes	−0.009	0.275	0.044
	(0.228)	(1.088)	(0.081)
Constant	−8.126***	−14.547**	3.171***
	(1.348)	(6.769)	(0.518)
Observations	99	96	92
R^2	0.611	0.273	0.343
Adjusted R^2	0.546	0.148	0.224

*$p<0.1$; **$p<0.05$; ***$p<0.01$

먼저 확진자 수에 대한 결과인 〈표 4〉의 모형 (1)을 보면 비대면 ICT 인 프라와 의료 ICT 인프라 변수들의 영향들이 모두 유의하지 않은 것을 알 수 있다. 따라서 전체 확진자 수를 줄이는 데에는 비대면 ICT 인프라와 의 료 ICT 인프라의 영향이 거의 없었다는 것을 알 수 있다. 또한 통제변수, 특 히 초기 국가적 락다운 실시가 확진자 수에 영향을 미치지 않은 점도 주목 할 만하다. 이 결과는 국가의 락다운 정책이 모든 국가에 효과가 있지는 않았음을 의미하며, Atalan(2020)에서 락다운이 신종 코로나바이러스 확산 방지에 효과가 있다는 최근 연구 결과와는 다른 점이 엿보인다. Atalan(2020)의 경우 샘플로 사용한 국가가 49개로 적고 통제변수가 적었던 점이 영향을 미쳤을 수 있을 것으로 해석된다.

통계적으로 유의한 변수만을 살펴보면, 경제적인 발전도인 GDP의 경우 누적 확진자 수와 양(+)의 관계가 있었으며 이외에도 실업률과 인구밀도가 확진자 수와 양(+)의 관계가 있었다. 국가의 경제 규모로 인한 활발한 경제 활동, 구직 등을 위한 활동, 높은 인구밀도로 인한 교류 증대가 확진자 수에 영향을 미쳤을 수 있음을 의미한다. 또는 경제 규모가 큰 국가인 경우 코로나 테스팅을 더 많이 실시할 경제적 여력이 있기 때문에 확진자 수가 더 많이 보고된 것으로 해석할 수도 있다. 또한 기온과 확진자 수가 음(-)의 관계가 있음을 알 수 있는데 이는 적도 부근의 국가들이 확진자 수가 적은 일반적인 관찰과 일치한다. 60세 이상 인구 비율도 확진자 수와 음(-)의 관계가 있었는데 60세 이상 인구 비율이 높은 경우 오히려 사회 활동 및 외출 등의 자제를 통해 확산을 줄였거나 애초에 60세 이상의 인구가 사회 활동이 상대적으로 적어서 바이러스 확산에 기여하는 부분이 작을 수 있음에 기인한 것으로 해석된다.

마찬가지로 모형 (2), (3)을 보면 신종 코로나바이러스의 치명률이나 확산 속도는 비대면 ICT 인프라와 의료 ICT 인프라의 영향이 거의 없었음을 알 수 있다. 유일하게 원격의료 정책 및 전략 유무가 암시적으로 존재하는 경우에 한해서 이 변수가 유의수준 10%에서 치명률과 음(-)의 관계를 가지지만 크게 효과적이었다고 결론을 내리기는 힘든 것으로 보인다. 따라서 전 세계적으로 봤을 때 ICT가 신종 코로나바이러스 확산 방지 등에는 크게 효과적이지 못했던 것으로 보인다. 통제변수의 영향을 보면 치명률이나 확산 속도 모두 경제적인 발전도인 GDP와 높은 관계를 가진 것을 알 수 있다. 예상대로 60세 이상 인구 비율은 치명률과 양(+)의 관계를 가지고 있음을 알 수 있다.

4.2 추가 분석

〈표 5〉는 구매력 평가 기준으로 GDP 상위 30% 국가를 제외한 분석 결과이다. 〈표 5〉의 모형 (3)에서 알 수 있듯이 광대역 인터넷 속도가 빠를수록 초기 확산이 오히려 빨라지는 것을 알 수 있다. 일반적인 예상과 다소 상이한 결과가 나온 이유를 추측해 보자면, 인터넷 속도가 빠를수록 초기에 질병에 대한 정보 확산 속도가 빨라 많은 사람들이 본인의 증상을 의심하고 진단키트 등을 통한 검사를 받을 수 있기 때문에 이와 같은 결과가 나오지 않았을까 추측된다. 혹은 광대역 인터넷이 비대면 활동을 촉진하는 것이 아니라 오히려 오프라인에서의 활동을 촉진하는 방향으로 이루어졌을 수도 있다. 예를 들어 SNS의 사용 등이 오히려 물리적인 공간에서의 교류를 활성화하는 측면들도 생각해볼 수 있다. 하지만 이와 같이 유의한 결과가 GDP 상위 30% 국가를 제외했을 때 나왔다는 점을 고려한다면 전자의 설명이 더 가능성이 높을 것으로 생각된다. 경제력이 높은 국가의 경우는 진단키트 사용 등에 조금 더 제약이 적을 것으로 생각되는 반면 경제력이 낮은 경우 매우 선별적으로 진단을 할 것으로 예상되기 때문이다. 통제변수들의 영향은

	Dependent variable:		
	Log_Total_case	Fatality_rate	Log_No_of_Days
	(1)	(2)	(3)
Log_GDP_PPP	1.216***	−0.59	−0.238**
	(0.277)	(0.563)	(0.1)
Unemployment_rate	0.039	−0.053	0.0002
	(0.027)	(0.056)	(0.009)
Log_Population_density	0.309	−1.247***	−0.059
	(0.198)	(0.415)	(0.071)
Pop_60_or_over_rate	−0.009	0.08	0.009
	−0.024	−0.051	(0.008)
Log_Avg_Rainfall	−0.168	−0.126	−0.004
	(0.237)	(0.503)	(0.083)
Temperature	−0.008	−0.004	0.014*
	(0.017)	(0.039)	(0.007)
Early_Response_Yes	−0.202	−0.026	0.03
	(0.218)	(0.446)	(0.073)
CreditCard_Own_rate	−0.008	0.015	0.001
	(0.009)	(0.018)	(0.003)
Log_broadbandSpeed_Mbps	0.069	−1.581	−0.275*
	(0.474)	(0.961)	(0.157)
TeleHealth_policy_Yes	−0.048	−0.358	0.009
	(0.283)	(0.592)	(0.095)
TeleHealth_policy_Implied	0.07	−0.467	0.043
	(0.236)	(0.49)	(0.079)
Govt_Health_websites_Yes	−0.084	−0.763	0.058
	(0.245)	(0.524)	(0.091)
Training_ICT_Health_Yes	0.288	0.2	0.051
	(0.26)	(0.562)	(0.095)
Overall_HIS_Yes	0.207	0.042	0.034
	(0.316)	(0.638)	(0.102)
Constant	−10.074***	13.142*	4.332***
	(3.127)	(6.552)	(1.114)
Observations	59	57	53
R^2	0.39	0.355	0.336
Adjusted R^2	0.196	0.14	0.091

*p<0.1 ; **p<0.05 ; ***p<0.01

이전과 크게 다르지 않지만 인구밀도와 치명률의 관계가 음(-)의 방향인 것은 다소 의외인 면이 있다. 하지만 인구밀도가 높은 경우 확산이 더 많고, 만약 이 확산이 상대적으로 신종 코로나바이러스의 위험이 낮은 젊은층에 더 큰 영향을 미쳤다면 이로 인해 치명률의 분모가 커져서 전체적인 치명률이 다소 감소하는 효과도 생각해볼 수 있다. 하지만 〈표 5〉에서는 인구밀도와 누적 확진자 수 사이에 유의한 관계가 발견되지 않아 이 부분은 향후 추가적인 분석이 필요할 것으로 생각된다.

위와 같이 인구밀도가 영향을 상대적으로 크게 주는 점을 감안해 〈표 6〉에는 인구밀도가 높은 국가만을 제외하고 분석한 결과를 제시했다. 특히 〈표 6〉의 모형 (2)에서 인구밀도가 낮은 국가만을 위주로 분석해본 결과, 원격의료 정책이 있는 경우 치명률이 낮은 것으로 나타났다. 이는 신종 코로나바이러스의 치명률을 낮추는 데에 있어서 일반적인 의료 관련 ICT 인프라보다 비대면 의료 ICT 인프라가 더 중요한 요인이 될 수 있음을 의미하는 것으로 해석할 수 있다. 인구밀도가 높은 국가를 포함했을 때에는 비대면 의료의 효과가 나타나지 않았지만, 인구밀도가 낮은 경우에는 유효하게 나온 점이 매우 흥미롭다. 최근 한국 사회에 비대면 의료와 관련한 많은 논의가 이루어지고 있다는 점에서 본 결과는 중요한 시사점을 지닌다. 인구밀도가 낮은 경우 상대적으로 병원의 수나 의료 서비스를 받을 수 있는 가능성이 낮을 것으로 생각되는데 이러한 국가에서는 비대면 의료가 중요한 효과를 가져올 수 있음을 의미한다. 즉, 도서 산간 지역 등 인구밀도가 낮은 지역에서는 비대면 의료가 치명률을 낮추는 데에 도움이 될 수 있음을 유추해볼 수 있으며, 이에 대한 보다 심도 있는 연구가 필요할 것으로 보인다.

〈표 6〉 인구 밀도 상위 30% 국가 제외 모형 추정 결과

	Dependent variable:		
	Log_Total_case	Fatality_rate	Log_No_of_Days
	(1)	(2)	(3)
Log_GDP_PPP	1.201***	0.746	−0.154***
	(0.154)	(0.565)	(0.055)
Unemployment_rate	0.029	−0.072	0.001
	(0.017)	(0.064)	(0.006)
Log_Population_density	0.315	0.071	−0.186**
	(0.241)	(0.915)	(0.088)
Pop_60_or_over_rate	−0.021	0.06	0.003
	(0.017)	(0.062)	(0.006)
Log_Avg_Rainfall	−0.067	−0.916	0.052
	(0.279)	(1.046)	(0.101)
Temperature	−0.02	0.016	0.011**
	(0.013)	(0.051)	(0.005)
Early_Response_Yes	−0.132	0.399	−0.076
	(0.18)	(0.67)	(0.065)
CreditCard_Own_rate	−0.006	0.018	−0.001
	(0.007)	(0.024)	(0.002)
Log_broadbandSpeed_Mbps	0.129	0.14	−0.018
	(0.418)	(1.511)	(0.146)
TeleHealth_policy_Yes	0.012	−1.602**	−0.051
	(0.206)	(0.767)	(0.074)
TeleHealth_policy_Implied	−0.001	−1.709**	−0.026
	(0.189)	(0.689)	(0.067)
Govt_Health_websites_Yes	−0.26	−0.075	0.074
	(0.21)	(0.776)	(0.075)
Training_ICT_Health_Yes	0.272	−0.605	−0.004
	(0.206)	(0.777)	(0.075)
Overall_HIS_Yes	0.068	0.395	0.048
	(0.263)	(0.956)	(0.092)
Constant	−9.497***	−4.054	3.385***
	(1.791)	(6.782)	(0.655)
Observations	73	71	71
R^2	0.611	0.28	0.393
Adjusted R^2	0.517	0.101	0.241

*p<0.1; **p<0.05; ***p<0.01

5. ICT 인프라와 의료 정책과 관련된 연구의 필요성

본 연구는 신종 코로나바이러스의 전 세계 확산이라는 상황에서 어떠한 국가적 특성, 특히 비대면 ICT 인프라 및 의료 ICT 인프라가 지금까지의 누적 확진자 수, 치명률, 초기 확산 속도 등에 영향을 미쳤는지에 대한 탐색적 연구 분석을 실시했다. 기대와 다르게 비대면 ICT 인프라, 의료 ICT 인프라 등은 신종 코로나바이러스의 피해를 줄이는 데에는 큰 영향을 주지 못했던 것으로 보인다. 다만 비대면 의료 관련 ICT 인프라 중 하나로 볼 수 있는 원격의료 정책이 인구밀도가 상대적으로 낮은 국가에 한해서 치명률을 낮추는 결과는 큰 시사점이 있다고 볼 수 있다. 또 다른 의의로는 통제변수로 사용한 국가의 다양한 특성이 신종 코로나바이러스의 확산 및 치명률이 가지는 관계에 대한 국가 수준의 정량적 분석이라는 점이 있다.

분석의 한계점은 국가의 결측값이 상대적으로 많은 점, 특히 의료 ICT 정책 등에 대한 변수가 최근 관측치가 아닌 점 등을 들 수 있다. 또한, 앞서 언급했듯이 확산 속도의 경우는 일반적인 회귀분석보다는 생존분석 등 중도 절단 자료를 다룰 수 있는 모형이 더 적합해 보인다. 마지막으로 본 연구 분석은 이론적 배경에 의한 인과관계(Causality)의 규명보다는 신종 코로나바이러스의 확산과 관련된 변수들과 국가의 특성과의 연관성을 보는 탐색적 분석이라는 한계점이 있다. 이들 한계점에 대한 심도 있는 분석은 향후의 연구로 남겨둔다.

2020년 12월 현재에도 신종 코로나바이러스의 영향은 줄지 않고 있으며 한국의 경우 대규모 집단 감염으로 인한 신종 코로나바이러스의 추가적 유행에 대한 우려가 커지고 있다. 이와 더불어 많은 학자들이 기후 변화 등으로 인해 신종 코로나바이러스와 유사한 수준의 전염병이 더 자주 등장할 수 있는 가능성을 우려하고 있다. 이와 같은 환경에 맞서 전염병의 확산을 지연 또는 방지할 수 있는 ICT 인프라와 의료 정책과 관련된 보다 많은 연구가 절실하다고 하겠다.

II

스마트폰에 갇힌 청소년

: 스마트폰 과의존 고위험군의 추세와 특성, 그리고 자살 경향성과의 관계

김재엽(연세대학교 사회복지학과)
장대연(연세대학교 사회복지연구소)

1. 들어가며

'한 손의 인터넷', '내 손 안의 컴퓨터'라고 불리는 스마트폰은 현재의 청소년들에게 없어서는 안 될 '또 다른 자아(another self)'가 된 지 오래다. 국내 청소년의 스마트폰 보유율은 2012년부터 크게 상승하기 시작해 초등학생 (고학년) 81.2%, 중학생 95.9%, 고등학생 95.2%가 스마트폰을 사용하는 것으로 나타났다. 이처럼 높은 스마트폰 사용률로 2000년대 이후 출생한 청소년들을 '폰연일체', '포노사피엔스', '모바일 네이티브' 등의 키워드로 대변하기도 한다.

청소년들에게 없어서는 안 될 존재가 된 스마트폰은 다른 사람과의 소통에 도움을 주고 정보의 접근성을 높여 삶을 편리하게 해준다. 그러나 한편으로는 스마트폰과 좀비의 합성어인 '스좀비'라는 용어가 말해주듯이 '스마트폰 과의존'의 문제가 심각해지고 있다. 실제로 우리나라 청소년의 스마트폰 과의존 위험 수준은 매년 상승하고 있다. 여성가족부가 전국 학령전환기 청소년 약 129만 명을 전수 조사한 자료에 따르면, 2018년 스마트폰 과의존 위험군으로 구분된 청소년은 전체 9.3%인 12만 840명으로 전 년 대비 16%나 상승했다. 특히 초등학생, 중학생, 고등학생 모두 상승폭을 보여 스마트폰 과의존은 청소년기 전반의 문제임을 보여주고 있다. 또한 청소년기의 스마트폰 과의존은 다른 연령대와 비교할 때 문제의 심각성이 크다. 2019년 기준 청소년의 스마트폰 과의존 위험군 비율은 전체의 30.2%로 20대부터 50대 성인의 과의존 위험군 비율인 18.8%보다 두 배 가까이 높은 수치를 보였다. 이는 전 연령대 중 가장 높은 비율이다.

청소년이 스마트폰에 과의존되는 원인은 다양하다. 우선 스마트폰은 TV, PC 등 전통적인 미디어 매체 기기들과 비교해 휴대성과 접근성이 용이해 의존하게 될 위험성이 더 높은 물리적 측면의 특성이 있다. 이와 함께 최근 이루어지고 있는 연구 동향을 보면 대부분의 연구가 청소년 스마트폰 과의존을 부추기는 원인을 청소년기적 특징과 가족체계 요인이라고 지목하고 있다. 청소년기의 경우 아동기나 성인기 등 다른 발달 시기의 연령이나 세대와 비교해 새로운 정보를 받아들이는 것에 적극적이고 기술에 대한 습득력과 적응력이 뛰어나기 때문에 스마트폰에 보다 몰입하게 되어 의존하게 될 확률이 높아진다는 것이다. 더군다나 청소년기는 자아가 완전하게 확립된 시기가 아니고 정신적으로나 신체적으로 미성숙한 상태이기 때문에 어느 시기보다 의존으로 인한 문제에 영향을 받을 가능성이 크다. 여기서 스마트폰 과의존 문제의 또 다른 주요 원인으로 주목해야 할 문제는 바로 가족 요인이다. 특히 이혼, 가족 해체와 같은 구조적 문제보다는 가정 내 폭력, 자녀에 대한 부모의 양육 태도, 관계 갈등, 부정적 의사소통 등 가족 기능의 결함과 밀접하게 관련이 있다는 연구 결과가 최근 많이 보고되고 있다. 가족의 역기능을 경험하는 청소년은 스트레스를 해소할 수 있는 외부 체계를 찾게 된다. 특히 가상공간을 활용하는 스마트폰은 현실에서 완전히 벗어날 수 있는 도피처로 작동해 그들에게 심리적, 정신적 만족을 준다. 따라서 가족 간의 갈등이 있는 경우 청소년은 자신의 사회적 욕구 해소와 회피 수단으로 스마트폰에 의존하게 될 수밖에 없는 것이다.

이러한 과의존이 문제가 되는 것은 스마트폰의 과다 사용으로부터 야기되는 다양한 역기능적 현상 때문이다. 청소년기의 스마트폰 의존적 사용은 신체적, 행동적, 심리적 문제를 야기하는 등 생활 전반에 걸쳐 부정적 영향을 준다. 스마트폰 과의존 청소년들의 경우 손목터널증후군이나 거북목 등의 신체 문제를 가진다. 사회성 발달에도 영향을 받아 친구나 교사와의 관계적 문제나 학업에도 어려움을 겪는 것으로 보고되고 있다. 더욱이 스마트폰의 과의존은 정서 문제에 심각한 영향을 초래하고 있다. 청소년기는 전 발달 영역에서 급격한 변화가 있으며, 정서적으로 불안정한 시기이기 때문에 과도한 스마트폰 사용으로 심리적 문제가 유발될 가능성이 높다. 여러 연구를 통해 스마트폰 과의존 증상이 나타날 경우 외로움과 고독감, 그리고 불안감과 상실감을 느끼는 것으로 보고되고 있다. 스마트폰 과의존을 경험하는 청소년은 일반 청소년과 비교해 우울, 불안 등의 정신건강 측면에서 매우 취약한 것으로 나타나고 있다.

심지어 정신건강 문제의 최정점에 있는 청소년의 자살 문제 또한 스마트폰 과의존과 밀접한 관계가 있는 것으로 알려져 있다. 자살은 청소년기의 가장 심각한 문제 중 하나이다. 우리나라 청소년의 자살은 2018년 기준 22.1%에 육박했고 매년 지속적으로 증가하고 있다. 공교롭게도 스마트폰이 보급되기 시작한 2007년 이후부터 자살은 청소년 사망원인 1위로 자리 잡았다. 실제로 스마트폰 과의존 문제가 자살 위험을 높인다는 것은 국내·외 선행연구에서 지속적으로 보고되고 있다. ≪2017년 청소년건강행태조사≫를 활용한 연구에서 스마트폰 사용과 자살 시도의 유의미한 관련성이 확인됐으며, 청소년의 과도한 스마트폰 사용이 우울증을 증가시키거나 자기통제력을 낮추어 청소년의 자살 충동을 유발하는 것으로 밝혀졌다. 국외 연구에서도 스마트폰 과의존이 청소년 자살의 주요한 위험요인으로 고려되고 있다.

이에 본 장에서는 스마트폰 과의존의 위험에 놓인 청소년들과 그렇지 않은 일반 청소년을 비교하여 각 집단이 가진 특성을 알아보고 스마트폰 과의존과 자살 위험성의 관계를 확인하고자 한다. 이를 근거로 고위험군 청소년들에 대한 실천적인 개입 방안을 제시하고자 한다. 더불어 청소년의 자살예방 대책의 일환으로 스마트폰 이용에 대한 가이드라인을 함께 이야기하고자 한다.

2. 청소년 스마트폰 과의존과 자살 경향성의 관계

2.1 스마트폰 과의존의 개념

스마트폰이 보급되기 이전에 주된 연구 주제로 다루어졌던 인터넷 과용의 문제는 '인터넷 중독'으로 명명해 부르거나 연구를 진행했다. 그러나 인터넷 중독을 단편적인 원인과 증상을 가진 질환으로 보는 것에 대한 한계로 인해 중독으로 명명하는 것에 있어 많은 지적이 있었다. 특히 청소년의 스마트폰 과용 문제에 있어 중독이라는 용어를 사용하는 것은 스마트폰 자체에 대한 부정적인 인식을 심을 수 있고, 청소년 질환 중 하나인 중독자로서 낙인을 찍는 것이 사회적·윤리적으로 올바른 것인가의 문제까지 확장될 수 있는 여지가 있다. 이에 학계에서는 인터넷이나 TV, 스마트폰 등 매체의 과다 사용 문제를 명명함에 있어 과의존, 과몰입, 사용 장애 등의 용어를 사용하고 있다.

한국정보화진흥원의 ≪2019년 스마트폰 과의존 실태조사≫에 따르면 스마트폰 과의존(over-dependence)은 '과도한 스마트폰 이용으로 스마트폰에 대한 현저성이 증가하고, 이용 조절력이 감소해 문제적 결과를 경험하는 상태'로 정의하고 있다. 이렇듯 스마트폰 과의존은 조절 실패(self-control failure), 현저성(salience), 문제적 결과(serious consequences)의 세 요인으로 구성된다.

- 조절 실패: 이용자의 주관적 목표 대비 스마트폰 이용에 대한 자율적 조절 능력이 떨어지는 것
- 현저성: 개인의 삶에서 스마트폰을 이용하는 생활패턴이 다른 행태보다 두드러지고 가장 중요한 활동이 되는 것
- 문제적 결과: 스마트폰 이용으로 인해 신체적·심리적·사회적으로 부정적인 결과를 경험함에도 불구하고 스마트폰을 지속적으로 이용하는 것

스마트폰 과의존 척도에 의한 과의존은 과의존 위험군과 일반군으로 구분할 수 있다. 과의존 위험군은 고위험군과 잠재적 위험군으로 나뉘어 총 세 집단으로 구분할 수 있다. 스마트폰 과의존 잠재적 위험군이란 '스마트폰 사용에 대한 조질력이 약화된 상태이며, 그로 인해 이용 시간이 증가해 대인관계 갈등이나 일상의 역할에 문제가 발생하기 시작한 단계로 ICT 역량 발달에 부정적 영향을 미칠 위험성이 존재하는 상태'이다. 스마트폰 과의존 고위험군은 '스마트폰 사용에 대한 통제력을 상실한 상태로 일상생활의 상당 시간을 스마트폰 사용에 소비하고 있으며, 그로 인해 대인관계 갈등이나 일상의 역할 문제, 건강 문제 등이 심각하게 발생한 상태로 ICT 역량 발달을 지체시킬 위험성이 높은 상태'를 말한다. 스마트폰 일반군은 '스마트폰을 조절된 형태로 사용하고 있어 일상생활의 주요 활동이 스마트폰으로 인해 훼손되는 문제가 발생하지 않는 상태로 ICT 역량 발달 및 발휘를 위한 기본 조건을 충족시키고 있는 상태'를 의미한다.

2.2 꾸준히 증가하고 있는 청소년의 스마트폰 과의존 고위험군 비율

2019년 기준 청소년의 스마트폰 과의존 고위험군 비율은 3.8%로 전체 연령을 기준으로 한 고위험군 비율 2.9%보다 높은 수치를 보이고 있다. 이 수치는 전 연령대 중 가장 높은 비율이다. 〈그림 1〉과 같이 학령별로는 중학생의 고위험군 비율이 4.6%, 고등학생이 4.2%로, 특히 중학생이 과의존 위험에 가장 취약한 것으로 나타났다.

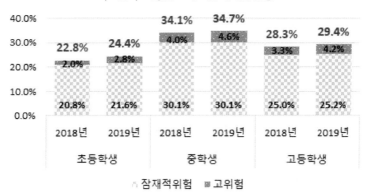

<그림 1> 학령별 스마트폰 과의존 현황

출처: 과학기술정보통신부(2019). 2019년 스마트폰 과의존 실태조사 결과

　특히 10대의 과의존 고위험군 비율은 〈그림 2〉와 같이 2016년 3.5%, 2017년 3.6%, 2019년 3.8%로 최근 꾸준히 증가 추세를 보이고 있다. 2019년 기준 전체 청소년의 3.8%를 인원으로 환산하면 약 20만 명 이상의 청소년이 스마트폰 과의존에 대한 상담과 치료가 시급한 것으로 보인다. 과학기술정보통신부 및 한국정보화진흥원에서 수행한 ≪스마트폰 과의존 실태조사≫와 보건복지부에서 발행되는 ≪아동종합실태조사≫ 등에서 스마트폰 과의존 실태가 보고되고 있다. 그러나 ≪스마트폰과의존실태조사≫는 만 3세 이상 69세 이하의 전 연령을 다루고 있어 청소년 고위험군에 대한 실태를 세부적으로 다루고 있지 않고, ≪아동종합실태조사≫는 스마트폰 과의존 위험군을 측정하는 척도가 변경되어 시계열 비교가 불가능하다. 따라서 청소년 집단에 초점을 둔 스마트폰 과의존 위험군의 추이 변화를 다룰 필요가 있다.

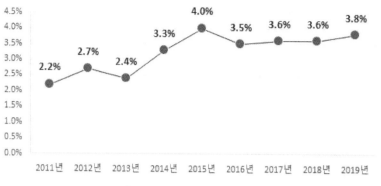

〈그림 2〉 청소년의 스마트폰 과의존 고위험군 비율 추이

2.3 청소년의 스마트폰 과의존과 자살 경향성의 관계에 대한 선행 연구

스마트폰 과의존 고위험군에 속하는 청소년은 일반 청소년과 비교해 우울, 불안 등의 정신건강 측면에서 매우 취약한 것으로 나타나고 있다. 심지어 스마트폰의 중독적 사용은 자기통제력의 상실 등을 통해 자살 위험성까지 높이는 것으로 나타나고 있다.

정신건강 중에서도 문제의 최정점에 있는 자살 위험성과 스마트폰 과의존은 밀접한 관계가 있다. 청소년기는 인간 발달 영역에서 급격한 변화를 맞이해 정서적으로 불안정한 시기이기 때문에 과도한 스마트폰 사용으로 심리적 문제가 유발될 가능성이 높기 때문이다. 이러한 특성으로 스마트폰 과의존이 청소년 자살의 주요한 위험요인으로 고려되고 있으며, 스마트폰 과의존 문제가 자살 위험을 높인다는 것은 국내 · 외 선행연구에서 지속적으로 보고되고 있다. 대학 신입생 627명을 대상으로 한 정숙희 외(2015)의 연구에서 스마트폰 과의존과 자살생각의 정적 관계가 검증됐고, 대학생 256명을 분석한 연구 또한 스마트폰 과의존이 자살행동을 높이는 것으로 보고됐다.

3. 분석 방법

본 연구는 두 단계에 걸쳐 분석을 실시했다. 우선 1단계는 한국방정환재단에서 주관하고 연세대학교 사회발전연구소가 공동으로 실시하고 있는 ≪한국아동 청소년 행복지수 조사≫에서 수집한 자료를 활용해 청소년 스마트폰 과의존의 연도별 양상을 살펴보았다. 2단계는 연세대학교 가족 · 청소년복지 연구팀이 수집한 청소년 자료를 활용해 스마트폰 과의존 양상이 자살 경향성에 미치는 영향을 실증적으로 살펴보았다. 각 자료를 중심으로 보다 세부적인 연구 방법을 살펴보면 아래와 같다.

3.1 1단계: 한국아동 청소년 행복지수 조사 데이터(2014-2019년)

3.1.1 분석 대상

청소년 스마트폰 과의존의 연도별 양상을 살펴보기 위해 한국방정환재단과 연세대학교 사회발전연구소가 공동으로 실시한 ≪한국아동 청소년 행복지수 조사≫의 2차 자료를 활용했다. 조사대상자는 전국 중·고등학교 1-3학년에 재학 중인 전국 남녀 청소년이다. 본 조사는 통계청 교육통계를 이용해 학교급별, 권역별, 지역 규모별, 성별, 학생 수 비례 할당표본추출해 매년 약 5천 명을 대상으로 실시했다. 연도별 시계열적 추이를 분석하기 위해 스마트폰 과의존(중독) 척도를 활용하기 시작한 2014년 데이터부터 2019년까지 조사에 참여한 총 3만 1,324명(중학생 1만 5,692명, 고등학생 1만 5,632명)의 응답 데이터를 활용해 분석했다. 구체적인 인원수는 〈표 1〉과 같다.

〈표 1〉 1단계 연도별 분석 참여자 수

연도	중학생(n, %)	고등학생(n, %)	총계(n, %)
2014	2,316 (49.5%)	2,359 (50.5%)	4,675 (100.0%)
2015	2,383 (48.3%)	2,546 (51.7%)	4,929 (100.0%)
2016	2,393 (46.2%)	2,784 (53.8%)	5,177 (100.0%)
2017	4,037 (60.1%)	2,684 (39.9%)	6,721 (100.0%)
2018	2,341 (47.4%)	2,597 (52.6%)	4,938 (100.0%)
2019	2,222 (45.5%)	2,662 (54.5%)	4,884 (100.0%)
총계	15,692 (50.1%)	15,632 (49.9%)	31,324 (100.0%)

3.1.2 측정 도구 및 분석 방법

청소년들의 스마트폰 과의존과 관련 양상을 비교하기 위해 사용한 측정도구는 다음 〈표 2〉와 같이 요약할 수 있다.

<표 2> 1단계 측정 도구 요약

변수	문항 수	응답 범주	비고
스마트폰 과의존	6	1=전혀 그렇지 않다~4=매우 그렇다	점수가 높을수록 스마트폰 과의존 양상이 심하다고 해석
스마트폰 이용 시간	1	연속형	–
스마트폰 주사용 콘텐츠	1	1=전화 통화, 2=문자 메시지(카카오톡 포함), 3=게임, 4=학습, 5=웹 검색, 6=동영상 감상, 7=SNS, 8=기타	–
자살 충동	1	0=없음, 1=있음	자살 충동을 느껴본 적이 있는지에 대한 문항 활용
성별	1	1=남자, 2=여자	–
교급	1	1=중학교, 2=고등학교	–
거주 지역 규모	1	1=대도시, 2=중소도시, 3=읍면지역	–
가정 형태	1	1=양부모가정, 2=한부모가정 외	한부모가정 외에는 한부모가정, 조손가정 등을 포괄함
부모학력	2	1=고졸 이하, 2=대졸 이상, 3=기타	어머니, 아버지 각각 투입
성적수준	2	연속형	성적수준 산출을 위해 '반 인원수' 변수와 '자신의 등수'를 활용해 상위 퍼센티지를 산출해 투입함
경제수준	1	1=하, 2=중, 3=상	주관적 계층 의식을 묻는 문항을 사용

1단계 분석을 위해 우선 스마트폰 과의존 양상을 측정한 6개 문항을 이용해 잠재프로파일분석(Latent Profile Analysis, LPA)을 실시했다. 잠재프로파일분석은 응답자의 지표별 응답 패턴을 중심으로 분석해 유사한 응답 패턴을 가진 사람을 동일한 집단으로 분류하는 분석 방법이다. 이후 분류된 집단을 이용해 집단의 특성을 분석했다.

3.2 가족 · 청소년복지 종합조사 데이터(2015년)

3.2.1 분석 대상

청소년 스마트폰과 자살 경향성의 인과관계 검증을 위해 연세대학교 가족 · 청소년복지 연구팀이 2014년에 수집한 청소년 자료를 활용했다. 조사 대상자는 서울특별시와 수도권(경기도, 인천광역시) 및 지방 소재 중 · 고등학교에 재학 중인 중학교 1학년부터 고등학교 2학년까지의 남 · 여 청소년이다. 본 조사는 2014년 12월부터 2015년 2월까지 진행했다. 그 결과 총 2,182명의 청소년의 데이터를 수집했으며, 응답이 불성실한 일부 설문 및 본 연구의 주요 변수에 무응답을 한 케이스를 삭제하고 최종적으로 1,954명의 자료를 최종 분석에 활용했다.

3.2.2 측정 도구 및 분석 방법

스마트폰 과의존 양상과 가족 기능에 따른 자살 경향성 위험을 검증하기 위해 사용한 측정 도구는 다음 〈표 3〉과 같이 요약할 수 있다. 본 분석에서 주목해야 할 변수는 바로 김재엽(2014)의 '부모자녀 TSL(Thank you, Sorry, Love)' 척도이다. 이는 비단 부모-자녀 간 긍정적 의사소통뿐만 아니라 및 가족 내 건강성과 구성원의 정신건강까지도 측정하는 도구로써 이미 그 효과성이 의생명과학적(Bio-Medical-Social)으로 다수 검증된 바 있다(Kim et al., 2012; Kim et al., 2016).

〈표 3〉 2단계 측정 도구 요약

변수		문항 수	응답 범주	비고
스마트폰 과의존		20	1=전혀 그렇지 않다~ 5=매우 그렇다	Young(1996)의 인터넷 중독 척도를 바탕으로 연세대학교 가족□청소년복지 연구팀이 스마트폰 중독에 맞도록 수정한 척도를 사용(Cronbach's alpha=.928), 이후 집단을 구분함
부모자녀 TSL		16	0=없음, 1=1년에 3-4회, 2=월 1회, 3=월 2-3회, 4=주 1회, 5=주 2-3회, 6=거의 매일	부모-자녀 간 긍정적 의사소통 및 태도를 측정하는 김재엽(2014)의 TSL(Thank you, Sorry, Love) 척도를 사용(Cronbach's alpha=.967)
자살 경향성	우울	16	0=전혀 그렇지 않다, 1=가끔 그렇거나 그런 편이다, 2=자주 그런 일이 있거나 많이 그렇다	Achenbach와 Edelbrock(1991)의 자기보고식 행동평가척도(YSR)를 오경자, 홍강의, 하은혜(1997)이 수정 개발한 K-YSR에서 우울 문항을 사용(Cronbach's alpha=.906)
	자살 생각	1	0=없음, 1=있음	Harlow 외(1986)의 SIS(Suicide Ideation Scale)를 활용해 지난 1년간의 자살생각과 자살시도를 묻는 문항 1개씩을 각각 사용
	자살 시도	1	0=없음, 1=있음	Harlow 외(1986)의 SIS(Suicide Ideation Scale)를 활용해 지난 1년간의 자살생각과 자살시도를 묻는 문항 1개씩을 각각 사용
성별		1	1=남자, 2=여자	
교급		1	1=중학교, 2=고등학교	
가정 형태		1	1=양부모가정, 2=한부모가정 외	한부모가정 외에는 한부모가정, 조손가정 등을 포괄함
부모학력		2	1=고졸 이하, 2=대졸 이상, 3=기타	어머니, 아버지 각각 투입
성적수준		1	연속형(1-10)	점수가 높을수록 성적수준이 높은 것으로 해석
경제수준		1	연속형(1-10)	점수가 높을수록 경제수준이 높은 것으로 해석

연구대상자의 인구사회학적 요인을 분석하기 위해 빈도 및 기술통계 분석을 실시했고, 저위험 집단 대비 중, 고위험 집단의 차이를 검증하기 위해 위해서는 집단을 비교하는 분석인 '다항 로지스틱 회귀분석(multinomial logistic regression)'을 실시했다.

4. 분석 결과

4.1 스마트폰 과의존 위험 관련 추이 분석: 한국아동 청소년 행복지수 조사 데이터(2014-2019년)

4.1.1 잠재프로파일분석을 통한 스마트폰 과의존군 구분

연구 대상자들의 스마트폰 사용 양상에 따른 잠재 집단을 분류하기 위해 잠재프로파일을 실시한 결과는 〈표 4〉와 같다. 분석은 스마트폰 이용 후 변화에 관한 응답 자료를 투입해 순차적으로 집단의 수를 높이는 방식으로 실시했다. 문항은 6가지(스마트폰 1: 스마트폰의 지나친 사용으로 학교 성적이 떨어졌다, 스마트폰 2: 가족·친구와 있는 것보다 스마트폰 사용이 더 즐겁다, 스마트폰 3: 스마트폰을 사용할 수 없게 된다면 견디기 힘들 것이다, 스마트폰 4: 스마트폰 사용 시간을 줄이려고 해보았지만 실패한다, 스마트폰 5: 스마트폰 사용으로 계획한 일을 하기 어렵다, 스마트폰 6: 스마트폰이 없으면 안절부절못하고 초조해진다)였다. 6개 문항을 조사한 결과 종합적으로 판단했을 때 3개로 구분되는 모형이 가장 적합한 것으로 나타났다. 이에 3계층모형을 섭식장애 최적모형으로 선택했다.

<표 4> 잠재 집단 모형별 적합도 지수 및 계층 모형의 할당확률 평균값

모형	AIC	BIC	SSABIC	Entropy	LMR−LRT	p
2계층모형	394355.720	394514.273	394453.891	0.767	37153.335	.000
3계층모형	349491.022	349707.989	349625.361	0.999	44267.391	.000
4계층모형	338349.653	338625.035	338520.161	0.924	11036.825	.000

분류율	잠재 집단 수		
	2개(n, %)	3개(n, %)	4개(n, %)
잠재 집단 1	13,839(44.5)	15,718(50.5)	10,105(32.5)
잠재 집단 2	19,882(55.5)	11,213(36.0)	11,215(36.0)
잠재 집단 3		4,167(13.5)	5,609(18.0)
잠재 집단 4			4,169(13.5)

AIC=Akaike Information Criteria ; (SSA)BIC=(Sample Size Adjusted)Bayesian Information Criteria ;
LMR−LRT=LO−MENDELL−RUBIN likelihood ratio test

세부적으로 집단을 살펴보면, 스마트폰 과의존 양상이 특정 부분에서 두
드러지게 나타나기보다는 집단별로 유사한 수준에 따라 구분됐다. 이에 '스
마트폰 저수준 과의존 위험 집단(이하 저위험 집단, n=15,718, class 1)', '스마트폰
중수준 과의존 위험 집단(이하 중위험 집단, n=11,213, class 2)', 그리고 '스마트폰
고수준 과의존 위험 집단(이하 고위험 집단, n=4,167, class 3)'으로 구분했고, 그 결
과는 〈그림 3〉과 같다.

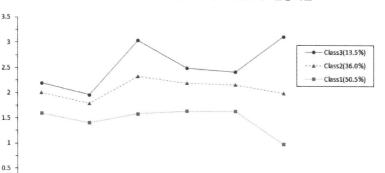

〈그림 3〉 스마트폰 이용행태 잠재 집단별 지표반응패턴

4.1.2 집단별 특성 분석 결과

① 집단별 일반적 특성 비교

앞선 분석을 통해 집단을 스마트폰 과의존 저위험, 중위험, 그리고 고위험 집단으로 구분한 이후 집단별 일반적 특성을 비교한 결과는 〈표 5〉와 같다. 그 결과 남자청소년보다 여자청소년이, 중학생보다 고등학생이, 타지역(대도시 또는 읍면지역)보다 중소도시에 거주하는 청소년이, 양부모가정보다 '한부모가정 등'(한부모가정, 조손가정 등)에 속하는 청소년이, 부모학력이 낮은 청소년이, 마지막으로 경제수준이 낮은 청소년이 고위험 집단에 속할 가능성이 높은 경향성을 보였다. 스마트폰 과의존 고위험군의 특징을 요약하면 〈그림 4〉와 같다.

<표 5> 스마트폰 과의존 잠재 집단별 특성 비교 분석

		전체		저위험 집단(a) n=15,718		중위험 집단(b) n=11,213		고위험 집단(c) n=4,167		F	사후 검증
		n	(%)	n	(%)	n	(%)	n	(%)		
성별	남자	15,662	(50.0)	8,687	(55.3)	5,342	(47.6)	1,496	(35.9)	269.647***	c〉b〉a
	여자	15,662	(50.0)	7,031	(44.7)	5,871	(52.4)	2,670	(64.1)		
교급	중학교	15,584	(50.1)	8,798	(56.0)	5,177	(46.2)	1,609	(38.6)	371.843***	c〉b〉a
	고등학교	15,740	(49.9)	6,920	(44.0)	6,036	(53.8)	2,557	(61.4)		
거주 지역 규모	대도시	13,847	(44.5)	7,227	(46.0)	4,847	(43.2)	1,773	(42.6)		
	중소도시	13,273	(42.7)	6,402	(40.7)	4,998	(44.6)	1,873	(45.0)	3.321*	c〉a
	읍면지역	3,977	(12.8)	2,089	(13.3)	1,368	(12.2)	520	(12.5)		
가정 형태	양부모가정	27,022	(92.5)	13,787	(93.0)	9,762	(92.7)	3,473	(90.1)	19.810***	c〉b,a
	한부모가정등	2,178	(7.5)	1,030	(7.0)	766	(7.3)	382	(9.9)		
어머니 학력	고졸 이하	13,488	(46.6)	6,424	(44.1)	5,032	(48.0)	2,032	(52.0)		
	대졸 이상	15,381	(53.1)	8,106	(55.6)	5,416	(51.7)	1,859	(47.5)	43.129***	a〉b〉c
	기타	105	(0.4)	50	(0.3)	35	(0.3)	20	(0.5)		
아버지 학력	고졸 이하	11,533	(40.3)	5,536	(38.3)	4,254	(41.1)	1,743	(45.5)		
	대졸 이상	16,891	(59.0)	8,811	(61.0)	6,031	(58.3)	2,049	(53.5)	30.965***	a〉b〉c
	기타	184	(0.6)	90	(0.6)	58	(0.6)	36	(0.9)		
성적수준(M, SD)		1.43	(7.55)	1.43	(8.71)	1.40	(5.92)	1.52	(6.99)	.321	─
경제수준(M, SD)		3.74	(0.94)	3.82	(0.96)	3.68	(0.89)	3.57	(0.96)	113.803***	a〉b〉c

*p〈.05; **p〈.01; ***p〈.001

<그림 4> 스마트폰 과의존 고위험군의 특징 요약

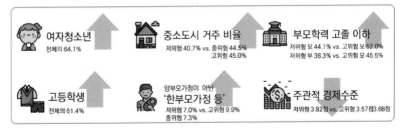

스마트폰 과의존 고위험군은?

여자청소년
전체의 64.1%

중소도시 거주 비율
저위험 40.7% vs. 중위험 44.5%
고위험 45.0%

부모학력 고졸 이하
저위험 모 44.1% vs. 고위험 모 52.0%
저위험 부 38.3% vs. 고위험 모 45.5%

고등학생
전체의 61.4%

양부모가정이 아닌
'한부모가정 등'
저위험 7.0% vs. 고위험 9.9%
중위험 7.3%

주관적 경제수준
저위험 3.82점 vs. 고위험 3.57점3.68점

② 집단별 스마트폰 관련 특성 비교

가. 집단의 연도별 분포 및 수준 비교

다음으로 집단의 연도별 분포는 〈표 6〉과 같다. 전반적으로 스마트폰 과의존 저위험 집단은 약 50% 수준을 차지했고, 중위험 집단은 약 36%, 그리고 고위험 집단은 나머지 약 13%를 차지했다. 여기서 주목할 점은 해마다 저위험 집단이 증가하고 있다는 점이다. 고위험 집단은 감소하는 긍정적인 양상을 보였다.

〈표 6〉 스마트폰 과의존 잠재 집단의 연도별 분포

		전체		저위험 집단(a)		중위험 집단(b)		고위험 집단(c)		F	사후 검증
		n	(%)	n	(%)	n	(%)	n	(%)		
연도	2014	4,622	100.0	2,151	46.5	1,695	36.7	776	16.8	32.874***	a⟩b⟩c
	2015	4,905	100.0	2,372	48.4	1,806	36.8	727	14.8		
	2016	5,139	100.0	2,495	48.6	1,906	37.1	738	14.4		
	2017	6,664	100.0	3,795	56.9	2,186	32.8	683	10.2		
	2018	4,919	100.0	2,446	49.7	1,869	38.0	604	12.3		
	2019	4,848	100.0	2,459	50.7	1,751	36.1	638	13.2		
총계		31,097	100.0	15,718	50.5	11,213	36.1	4,166	13.4		

*p⟨ .05; **p⟨ .01; ***p⟨ .001

하지만 〈표 7〉과 같이 집단 구분에 투입한 스마트폰 과의존 양상에 대한 6개 문항의 평균 점수를 구체적으로 살펴보면, 모든 집단에서 전반적으로 해마다 평균이 상승하는 경향성이 나타난다는 것에 주목할 필요가 있다.

〈표 7〉 스마트폰 과의존 잠재 집단의 연도별 평균 분포

		전체		저위험 집단(a) n=15,718		중위험 집단(b) n=11,213		고위험 집단(c) n=4,167		F	사후 검증
		M	SD	M	SD	M	SD	M	SD		
연도	2014	1.87	.55	1.47	.39	2.08	.33	2.51	.43		
	2015	1.85	.53	1.47	.39	2.07	.32	2.51	.40		
	2016	1.85	.53	1.48	.39	2.06	.31	2.52	.41		
	2017	1.75	.54	1.42	.38	2.06	.33	2.56	.13	48.840***	c)b)a
	2018	1.87	.53	1.52	.40	2.11	.33	2.58	.42		
	2019	1.87	.54	1.52	.41	2.11	.32	2.57	.43		
총계		1.84	.54	1.48	.39	2.08	.32	2.54	.42		

$^*p< .05;$ $^{**}p< .01;$ $^{***}p< .001$

나. 집단별 주사용 콘텐츠 비교

다음으로 집단별 스마트폰 주사용 콘텐츠를 비교한 결과는 〈표 8〉과 같다. 주사용 콘텐츠의 경우 집단별로 큰 차이를 보였다. 우선 저과의존 집단일수록 전화 통화, 게임, 그리고 동영상 감상의 비율이 높은 것으로 나타났다. 하지만 중과의존 및 고과의존 집단일수록 특히 문자 메시지와 SNS 사용 비율이 매우 높은 것으로 나타났다. 특히 SNS를 주로 사용한다는 고과의존 집단의 응답은 저과의존 집단의 약 1.5배에 육박하는 것으로 나타났다. 이러한 결과는 고과의존 집단의 스마트폰 이용 행태에 따른 맞춤형 개입 전략에 있어 과의존적 SNS 사용에 대한 개입이 반드시 병행되어야 함을 시사하는 것이다.

<표 8> 스마트폰 과의존 잠재 집단의 주사용 콘텐츠 비교

		전체		저위험 집단(a)		중위험 집단(b)		고위험 집단(c)		F
		n	(%)	n	(%)	n	(%)	n	(%)	
콘텐츠	전화 통화	1,081	5.0	714	6.4	263	3.4	104	3.9	
	문자 메시지	4,095	19.0	2,077	18.6	1,456	18.9	562	21.1	
	게임	2,803	13.0	1,600	14.3	957	12.4	246	9.3	
	학습	204	0.9	145	1.3	55	0.7	4	0.2	
	웹 검색	1,043	4.8	605	5.4	344	4.5	94	3.5	56.153***
	동영상 감상	5,352	24.8	2,967	26.5	1,882	24.4	503	18.9	
	SNS	6,292	29.2	2,708	24.2	2,499	32.4	1,085	40.8	
	기타	680	3.2	370	3.4	249	3.2	61	2.3	
총계		21,550	100.0	11,186	100.0	7,705	100.0	2,659	100.0	

*p⟨ .05; **p⟨ .01; ***p⟨ .001

다. 집단별 가족 기능 비교

집단별 부모와의 관계, 즉 가족 기능을 비교 분석한 결과는 〈표 9〉와 같
다. 전반적으로 시기에 관계없이 고위험 집단일수록 낮은 가족 기능 수준
을 보였다. 여기서 주목해야 할 점은 통계값 수치(아래 표의 'F' 값)가 매우 크
다는 것인데, 이는 집단 간 차이가 매우 명확함을 나타내는 결과로써 스마
트폰 중독과 가족 기능의 관계를 주목할 필요가 있음을 강하게 시사하고
있다.

<표 9> 스마트폰 과의존 잠재 집단의 가족 기능 비교

		전체		저위험 집단(a)		중위험 집단(b)		고위험 집단(c)		F	사후 검증
		M	SD	M	SD	M	SD	M	SD		
가족 기능 -부모	2014	3.48	.75	3.59	.78	3.43	.70	3.29	.76	436.673***	a>b>c
	2015	3.57	.75	3.65	.77	3.53	.70	3.41	.76		
	2016	3.56	.74	3.66	.73	3.50	.71	3.36	.75		
	2017	3.71	.75	3.81	.74	3.59	.74	3.49	.76		
	2018	3.64	.77	3.77	.76	3.55	.74	3.37	.79		
	2019	3.62	.78	3.76	.78	3.52	.73	3.35	.80		
평균 및 표준편차		3.60	.76	3.72	.76	3.52	.72	3.38	.77		
응답자 수		31,143		15,624		11,159		4,135			

*p< .05; **p< .01; ***p< .001

라. 집단별 자살 충동 비교

스마트폰 과의존 집단의 연도별 자살 충동 유경험자 비율은 〈표 10〉과 같다. 연구 대상자 전체를 기준으로 보았을 때, 평균적으로 약 25%의 청소년이 자살 충동 경험이 있는 것으로 응답했다. 즉, 우리나라 청소년 네 명 중한 명꼴로 자살에 대한 충동을 경험했다는 것이다. 집단별로 살펴보면, 저위험 집단은 평균적으로 약 20%, 중위험 집단은 약 26%, 그리고 고위험 집단은 약 38%였다. 또한 연도별로 모든 집단에서 자살 충동 유경험자의 비율이 증가하는 양상을 보였으며, 2014년 대비 2019년 기준 각 집단의 상승률은 저위험 집단 약 20%(20.8%~24.9%), 중위험 집단 약 23%(24.4%~30.1%), 그리고 고위험 집단 약 10%(38.1%~41.9%)인 것으로 나타났다.

<표 10> 스마트폰 과의존 잠재 집단별 자살 충동 유경험자 비율

		전체		저위험 집단(a)		중위험 집단(b)		고위험 집단(c)		F	사후 검증
		n	(%)	n	(%)	n	(%)	n	(%)		
자살 충동 유경험자	2014	1,148	25.0	444	20.8	411	24.4	293	38.1		
	2015	1,060	21.7	427	18.0	404	22.5	229	31.8		
	2016	1,281	25.0	505	20.3	480	25.3	296	40.2		
	2017	1,528	23.2	735	19.5	538	24.8	255	38.0	5.592**	c)b,a
	2018	1,340	27.7	523	21.7	583	31.7	234	39.2		
	2019	1,392	29.0	607	24.9	520	30.1	265	41.9		
전체		7,749	25.1	3,241	20.8	2,936	26.4	1,572	38.1		

%는 해당연도 각 집단 내 구성원 대비 수치를 의미함
*p〈.05; **p〈.01; ***p〈.001

다음으로 집단별 자살 충동 이유를 분석한 결과는 〈표 11〉과 같다. 전반적으로 '기타'라고 응답한 비중이 22.1%(n=1,731)로 나타나 해석에 주의가 필요하다. 그럼에도 모든 집단에서 가장 큰 이유로 차지한 것은 바로 '부모와의 갈등'(39.0%, n=7,704)인 것으로 나타났다. 이는 모든 집단에서 유사한 수준인 것으로 나타났다. 하지만 고위험 집단의 경우, 특히 '또래와의 갈등'이 14.5%로 저위험 집단 11.1%, 중위험 집단 11.6%의 비중보다 더욱 높은 것이 특징이다. 반면 '성적 하락'은 상대적으로 적은 비중을 차지하는 것으로 나타났다.

<표 11> 스마트폰 과의존 잠재 집단의 자살 충동 이유

		전체		저위험 집단(a)		중위험 집단(b)		고위험 집단(c)		F
		n	(%)	n	(%)	n	(%)	n	(%)	
자살 충동 이유	부모와의 갈등	3,050	39.0	1,270	38.8	1,169	39.3	611	38.7	
	교사와의 갈등	57	0.7	24	0.7	19	0.6	14	0.9	
	또래와의 갈등	935	12.1	363	11.1	346	11.6	229	14.5	
	학교폭력 피해	208	2.7	95	2.9	70	2.4	43	2.7	
	성적 하락	1,020	13.0	443	13.5	383	12.9	194	12.3	5.592**
	주위의 무관심	443	5.7	194	5.9	157	5.3	92	5.8	
	경제적 어려움	213	2.7	85	2.6	79	2.7	49	3.1	
	기타	1,731	22.1	729	22.2	674	22.6	328	20.9	
	무응답	44	0.6	74	2.3	78	2.6	18	1.1	
	총계	7,704	100.0	3,218	100	2,920	100	1,566	100	

결측(n=45)을 제외한 수치를 의미함
*p< .05; **p< .01; ***p< .001

4.2 스마트폰 과의존과 자살 경향성 관계 검증: 가족·청소년복지 종합조사 데이터(2015년)

4.2.1 연구대상자의 일반적 특성

연구대상자의 일반적 특성은 다음 〈표 12〉와 같다. 전반적으로 일반적 특성 분포는 앞선 데이터와 유사한 것으로 나타났다. 구체적으로 살펴보면, 성별은 남자 50.4%(n=871), 여자 49.6%(n=857)였으며, 교급은 중학교 57.3%(n=990), 고등학교 42.7%(n=738)로 나타났다. 가정 형태는 양부모가정 90.4%(n=1,562)인 반면 한부모가정 외는 9.6%(n=166)으로 나타났다. 어머니와 아버지 학력의 경우 대졸 이상이 가장 높았다. 스마트폰 과의존의 경우 최저 20점에서 100점 분포 가운데 47.08(SD=13.37)점으로 나타났다. 자살 경향성은 자살생각 유경험자가 전체의 37.6%(n=650), 자살시도 유경험자는 6.9%(n=119)로 그 실태가 매우 심각한 것으로 나타났다.

〈표 12〉 연구대상자의 일반적 특성

		n	(%)
성별	남자	871	50.4
	여자	857	49.6
교급	중학교	990	57.3
	고등학교	738	42.7
가정 형태	양부모가정	1,562	90.4
	한부모가정 외	166	9.6
어머니 학력	고졸 이하	622	36.0
	대졸 이상	1,068	61.8
	기타	38	2.2
아버지 학력	고졸 이하	477	27.6
	대졸 이상	1,222	70.7
	기타	29	1.7
성적수준(M, SD)		6.01	2.26
경제수준(M, SD)		6.17	1.76
스마트폰 과의존(M, SD)		47.08	13.37
자살 경향성	무경험	959	55.5
	자살생각	650	37.6
	자살시도	119	6.9
총계			100.0

*p< .05; **p< .01; ***p< .001

4.2.2 청소년 스마트폰 과의존이 자살 경향성에 미치는 영향력 검증

청소년 스마트폰 과의존이 자살 경향성에 미치는 영향을 '저위험 집단'을 기준으로 했을 때 중위험 및 고위험 집단의 상대적인 위험 비율(Relative Risk Ratio, RRR)로 산출했다. 영향력 검증 결과는 〈표 13〉과 같으며, 스마트폰 과의존 양상에서 저위험 집단 대비 중·고위험군의 특징을 요약하면 〈그림 5〉와 같다. 연구 결과 중위험 집단의 우울은 저위험 집단에 비해 2.78배, 자살생각은 1.54배 높은 것으로 나타났다. 반면 자살시도는 유의미한 차이가 없는 것으로 나타났다. 하지만 부모자녀 TSL은 0.78배 나타나 저위험 집단보다 중위험 집단 내에서 부모자녀 TSL이 약 22% 적은 것으로 해석할 수 있다. 또한 이러한 경향성은 고위험 집단에서도 나타났으며, 그 양상은 더욱

〈표 13〉 청소년 스마트폰 과의존에 따른 집단별 자살 경향성 및 부모자녀 TSL 수준 비교

준거집단: 저위험 집단	중위험 집단		고위험 집단	
	RRR	95% CI	RRR	95% CI
우울	2.78 ***	1.80–4.30	6.81 ***	4.21–11.00
자살생각	1.54 **	1.14–2.07	1.73 **	1.22–2.45
자살시도	0.66	0.37–1.17	0.81	0.44–1.50
부모자녀 TSL	0.78 *	0.61–0.99	0.74 *	0.55–0.99
n	1,728			
LR chi2(20)	210.87***			
Pseudo R2	.058			

RRR=Relative Risk Ratio; Model 1, 2 모두 성별, 교급, 가정 형태, 어머니 및 아버지 학력수준, 가정 경제수준, 성적수준이 모두 통제함
*p<.05 ; **p<.01 ; ***p<.001

〈그림 5〉 스마트폰 과의존 양상에서 저위험 집단 대비 중 · 고위험군의 특징

스마트폰 과의존 저위험 집단 대비 중, 고위험군은?

우울
중위험 2.78배
고위험 6.81배

자살생각
중위험 1.54배
고위험 1.73배

부모자녀 TSL
중위험 22%
고위험 26%

심각한 것으로 나타났다. 고위험 집단의 우울 정도는 저위험 집단보다 6.81배 높았으며, 자살생각 위험 역시 1.73배 높은 것으로 나타났으나, 자살시도는 통계적으로 유의미하지 않은 것으로 나타났다. 하지만 부모자녀 TSL의 경우는 저위험 집단보다 0.74배, 즉 약 26% 적은 것으로 나타나, 자살생각은 더욱 높고 가정 내 부정 역동은 더욱 심각한 실태인 것으로 검증됐다.

5. 청소년의 올바른 스마트폰 이용을 위한 제안

청소년에게 있어 스마트폰은 당연시되는 필수품이며 소통을 위한 필수적인 도구이다. 더구나 코로나19(COVID-19)의 영향으로 PC와 스마트폰 등 IT 기기를 이용한 비대면 교육이 이루어지고 있는 현실 속에서 청소년의 스마트폰 사용에 있어 무조건적인 규제나 강제적 금지는 현실적으로 불가능하

다. 그럼에도 최근 청소년의 스마트폰 과의존 실태를 살펴보면, 과의존 위험군(인터넷 포함)으로 진단된 청소년은 22만 8,120명에 이르며, 이는 지속적으로 증가하는 추세이다. 본 연구에서 검증된 스마트폰 과의존으로 인한 폐해를 근거로 유추해보면 스마트폰 과의존으로 인해 자살의 위험에 노출되는 청소년의 수도 그만큼 증가되고 있는 것이다. 이에 본 연구는 청소년의 자살 예방을 위한 올바른 스마트폰 이용을 제안하고자 한다.

첫째, 스마트폰 과의존 고위험 청소년 집단에 대한 면밀한 실태 파악이 필요하다. 스마트폰 과의존 잠재 집단의 연도별 분포와 수준을 살펴보면, 저위험 집단의 비율이 매년 증가하고 고위험 집단의 비율은 감소하는 양상을 보여 청소년의 스마트폰 과의존 문제가 완화되고 있는 것으로 보인다. 그러나 각 집단의 평균 점수를 살펴보면 이를 속단하기 어렵다. 모든 집단에서 스마트폰 과의존 수치가 전반적으로 증가하고 있기 때문이다. 집단의 구분과 관계없이, 즉 모든 청소년의 삶에서 스마트폰이 점차 더 많은 영역을 차지하고 있다는 것을 의미한다. 스마트폰 과의존에 취약한 인구사회학적 특성에 대한 이해를 바탕으로 관련 특성을 가진 청소년 집단에 대한 스마트폰 과의존의 예방적 개입이 강화되어야 한다. 현재는 유아, 초등학교 저학년 및 고학년, 중학생, 고등학생, 대학생, 직장인, 고령층 등 생애주기별로 나누어진 스마트폰 과의존 예방 교육 표준강의안이 마련되어 있는데, 청소년의 경우에는 연령뿐 아니라 성별, 가구 특성과 같은 요인을 함께 고려해 보다 집단의 특성에 맞는 세밀한 교육이 이루어져야 한다. 위험 집단에 대한 낙인이 아니라 보다 위험 요인의 예측을 통한 예방적인 주의와 관찰이 강조되어야 한다.

둘째, 청소년의 SNS 사용에 대한 올바른 교육 및 가이드가 제공되어야 한다. SNS와 스마트폰 과의존, 청소년의 자살 경향성의 관계에 대한 보다 명확한 인식이 필요하며 청소년의 적절한 SNS 사용 가이드가 필요한 시점이다. 영국은 청소년의 SNS 이용 시간제한 및 13세 이하 청소년의 SNS 가입을 제한하는 방안을 추진했다. 프랑스도 2017년에 16세 이하 청소년의 SNS 가입 시 부모 동의를 의무화하는 법안을 제정하겠다고 밝혔다. 미국에서는 2018년 1월 아동 보호단체 등에서 페이스북에 어린이용 메신저 서비스를 중단할 것을 요청하는 성명서를 발표하기도 했다. 우리나라도 청소년 SNS 사용의 위험성을 인식하고 사용 시간, 유해한 콘텐츠 규제 등에 대한 보다 구체적이고 강력한 법안이 필요하다.

셋째, 청소년의 스마트폰 과의존 문제를 보다 근본적으로 해결하기 위해서 청소년의 가족 기능이 회복되어야 한다. 부모와의 관계는 청소년의 정신건강에 있어 절대적인 영향을 미치며 특히 스마트폰 과의존 문제를 경험하는 청소년들은 부모와 같은 외부 요인의 영향을 많이 받는다. 따라서 부모 요인은 청소년들에게 심각한 위험 요인인 동시에 중요한 보호 요인으로 작용될 수 있다. 부모와의 의사소통을 개선하고 가족관계를 회복시키는 것이 청소년의 스마트폰 과의존 문제를 해결하는 근본적인 개입점이다. 청소년의 스마트폰 과의존 문제를 개선하기 위해 부모-자녀 간 TSL 의사소통을 훈련하고 일상에서 적극적으로 활용할 필요가 있다.

신종 코로나바이러스(COVID-19)가
직장인의 모바일 행동에 미치는 영향

도보람(연세대학교 경영대학)
최정혜(연세대학교 경영대학)

1. 서론

2020년 1월 갑작스럽게 닥친 신종 코로나바이러스(COVID-19) 감염병의 여파로 직장인들은 여러 가지 구조적, 심리적 변화를 경험하게 됐다. 첫 번째, 직장인들의 근무 환경 및 형태가 갑작스럽게 변화했다. 먼저 직장인들은 체온 측정과 마스크 착용, 출장 및 회의 제한 등 일상적인 직장 생활에 많은 규제를 경험하고 있다. 또한 충분한 사전 준비 및 지원 없이 원격·재택근무를 시작해야 했고, 격주근무, 선택근무, 연차소진 등 다양한 근무형태 및 환경의 변화 또한 경험하게 됐다. 직장인 10명 중 6명이 지난 2-3월에 원격근무를 실시했다고 밝힌 설문조사에서도 알 수 있듯이 신종 코로나바이러스 발생 이후 대다수의 직장인들은 근무 환경의 급진적인 변화를 겪었다 (김성훈, 2020). 두 번째, 직장인들은 사회적 거리 두기, 가정 보육의 증가, 경기 침체 등 비업무적인 변화도 겪음으로써 이로 인한 우울감, 외로움, 고용불안감 등의 심리적 변화도 함께 경험하고 있다. 예를 들어 지난 4월, 성인 남녀 3,903명을 대상으로 실시한 설문 조사에서 응답자의 절반 이상(54.7%)이 코로나 블루를 경험했다고 밝혔다(노진실, 2020). 이를 방증하듯 코로나 발생 이후 8월 초까지 전국에서 37만 명 이상이 신종 코로나바이러스와 관련된 심리 상담을 받은 것으로 알려졌다(배준용, 2020). 또한 신종 코로나바이러스로 인한 경기 침체가 예상됨에 따라 지난 3월 직장인 1만 명 이상에게 실시된 설문에서 응답자의 55%가 신종 코로나바이러스로 인한 고용불안을 느낀다고 밝혔다. 이는 현실이 반영된 경험으로 동 설문 응답자의 31%가 신종 코로나바이러스로 인해 권고사직 혹은 희망퇴직을 목격하거나 경험했다고 응답했다(김성훈, 2020).

따라서 신종 코로나바이러스 상황에서 직장인들의 경험 및 행동은 기존 연구에서 탐구해 온 일반적인 조직 변화나 경기 침체로 인한 그것과는 다를 것으로 예상된다(Ashford 외, 1989; Brockner 외, 1992). 인사이동이나 구조조정과 같은 일반적인 조직 변화의 경우 직장인들은 자신의 조직이 그 변화를 계획·관리하고 있다고 인지하고 있으며, 자신의 업무를 평소대로 수행하는 것도 가능하다(Pearson&Clair, 1998). 그러나 신종 코로나바이러스와 같은 감염병 상황에서 직장인들은 조직의 상황 통제력을 확신할 수 없고, 대면 교류의 제약으로 인해 평소의 업무 수행뿐만 아니라 일상적인 가정생활 또한 불가능한 상황에 직면하게 된다.

본 장에서는 신종 코로나바이러스와 같은 독특한 외부 위기 상황에서 직장인들의 경험과 행동을 그들의 온라인 ICT 행동과 연결 지어 탐구하고자 한다. 구체적으로 신종 코로나바이러스 발생 이후 직장인들이 겪은 근무 환경의 변화를 조사하고, 이와 관련된 직장인들의 ICT 행동의 변화를 분석하는 것이다. 이를 위해 신종 코로나바이러스 상황하에서 직장인들의 여러 가지 ICT 행동 중 특히 스마트폰을 이용한 모바일 행동에 초점을 맞추어 살펴볼 것이다.

신종 코로나바이러스 상황에서 직장인들을 이해하는 데 ICT 모바일 행동의 분석이 중요한 이유는 다음과 같다. 첫 번째, 신종 코로나바이러스로 인해 재택 및 원격업무에 대한 수요가 늘어나면서 스마트폰이나 컴퓨터와 같은 온라인 기기에 대한 직장인들의 업무 의존도가 높아졌을 것으로 예상되기 때문이다. 이는 직장인들이 온라인 기기를 통한 회사 그룹웨어(예: 한비로), 생산성 도구(예: 구글 독스), 회사 소통 도구(예: 하이웍스 메신저)의 사용 수준이 신종 코로나바이러스 발생 이후 얼마나 변화했는지 분석함으로써 파악이 가능하다. 두 번째, 대면 접촉이 제한되고 있는 감염병 상황에서는 직장인들이 느끼는 스트레스 및 부정 정서의 해소를 위해서도 인터넷 기기를 이용한 온라인 플랫폼의 사용이 증가할 것으로 예상되기 때문이다. 신종 코로나바이러스 발생 이후 직장인들이 온라인 기기를 통한 게임이나 엔터테인먼트 혹은 사회관계망서비스(이하 SNS)와 같은 비업무 활동에 얼마나 많은 시간을 쓰고 있는지를 살펴봄으로써 이를 확인할 수 있다. 세 번째, 컴퓨터, 태블릿 등의 온라인 기기와 달리 스마트폰은 직장인들이 업무와 비업무 시간을 합쳐 가장 많은 시간을 가까이에 두고 습관적으로 사용하는 장치이다. 즉, 모바일 행동 데이터는 직장인들의 의식적이고 계획적인 행동뿐만 아니라 무의식적인 행동 및 상태의 변화를 포착하는 데 가장 효과적인 지표인 것이다. 따라서 본 연구팀은 직장인들의 모바일 행동 변화에 초점을 맞추어 연구를 진행했다.

본 장에서는 1) 국내 · 외 문헌 조사를 통해 직장인들이 신종 코로나바이러스 발생 이후에 어떠한 근무 환경의 변화를 겪었는지, 그리고 업무 수행을 위해 어떠한 ICT 기술 및 서비스를 사용했는지 알아본다. 2) 이후 본 연구팀이 수행한 국내 직장인의 설문 응답 및 모바일 애플리케이션(이하 앱) 사용 분석을 통해 국내 직장인들의 직군, 개인적 특성, 근무 환경 변화에 따른 모바일 행동 변화 양상을 살펴본다. 3) 마지막으로 이러한 고찰을 통해 신종 코로나바이러스와 같은 위기 상황에서 여러 가지 변화를 경험하는 직장인들을 어떻게 관리 및 동기부여를 할 수 있는지, 또한 직장인들의 효과적인 ICT 활용은 어떻게 촉진될 수 있는지, 그리고 조직 내 위기관리 전략에 대한 논의를 진행할 것이다.

2. 신종 코로나바이러스와 직장인의 ICT 사용

2.1 신종 코로나바이러스로 인한 근무 환경의 변화: 스마트워크(Smart Work)의 가속

스마트워크(Smart Work)는 기존에 정해진 근무 시간과 일터에 얽매이지 않고, 언제 어디서나 편리하고 똑똑하게, 효율적으로 일할 수 있는 업무 방식을 의미한다. 스마트워크는 업무 효율의 증진, 통근 시간의 절약 및 노동력 분산, 직원들의 삶과 업무 만족도 향상 등의 효과가 기대되기에 신종 코로나바이러스 문제 발생 이전부터 많은 국내·외 기업의 관심을 받아왔다.

스마트워크는 근무 장소 혹은 시간에 기반해 다양한 방식으로 적용될 수 있다. 업무 장소의 스마트화를 위한 방법으로 모바일 기기를 이용해 외근 및 이동 중에 업무를 처리하는 모바일오피스, 주거지 인근 회사 전용 시설에서 근무하는 스마트워크 센터, 그리고 기존 일터의 업무 프로세스를 개선한 스마트오피스 등이 그 예이다. 또한 업무 시간의 효율성을 높이기 위한 방법으로 시차 출퇴근제, 집약 근무제, 선택적 근무 시간제, 재량 근무제, 축소 근무제 등도 많이 시행되고 있다. 아래 내용에서는 문헌 조사를 통해 신종 코로나바이러스 발생 전후 국내·외 직장인들의 스마트워크 활용이 어떻게 변화했는지 알아보고자 한다.

① 원격 및 재택근무의 증가

신종 코로나바이러스 상황에서 가장 주목받는 스마트워크 방식은 원격 및 재택근무이다. 직장인들이 일터에 나오지 않고 사회적 거리가 유지되는 안전한 자택에서 효율적으로 일하는 것은 기업과 직원 모두에게 이상적인 방식이기 때문이다.

신종 코로나바이러스 발생 이전에도 재택근무는 세계적으로 증가 추세였다. 미국의 경우 코로나 이전에도 24.8%의 노동자들이 재택근무를 경험해 본 적이 있다고 밝혔다(U.S. Bureau of Labor Statistics, 2019). 유럽의 경우도 2019년 기준 스웨덴 31.3%, 스위스 27.7%, 네덜란드 23.0%, 영국 21.7%의 노동자가 가끔 재택근무를 실시한다고 밝혔다(Eurostat, 2020). 그러나 국내의 경우 재택근무의 확산 속도가 미국이나 유럽에 미치지 못했다. 2010년을 전후해 정부 주도하에 스마트워크 도입이 시도됐음에도 불구하고 2016년 기준 재택근무 등의 원격근무를 허용하는 사업장은 4% 정도에 불과했다(고용노동부,

2016).

　신종 코로나바이러스 발생 이후 외국의 많은 기업들이 신속히 재택근무를 시작했고, 현재 그 기간을 연장하고 있다. 미국 기업 Twitter의 CEO인 Jack Dorsey가 "직원들은 영원히 재택근무를 지속할 수 있을 것이다"(Employees can continue working from home forever)라고 선언한 것과 같은 기조로, 2020년 8월에 Facebook이 2021년 7월까지, Google이 2021년 6월까지 원격근무 옵션을 연장했다(Moorhead, 2020). 이 외에도 J.P. Morgan과 같은 금융사부터 Zillow(부동산 플랫폼), Shopify(쇼핑)와 같은 온라인 회사까지 산업과 규모를 막론하고 많은 기업들이 신종 코로나바이러스 이후 원격근무를 실시 또는 확대했다(Moorhead, 2020a). Uber(승차공유서비스)의 경우 원격근무 옵션을 추가하면서 직원들이 홈오피스(home office)를 설치할 수 있도록 500달러의 보조금을 추가로 지급한 것으로 알려졌다(Kelly, 2020).

　국내 상황을 살펴보면, 신종 코로나바이러스 발생 이후 현대자동차, SK, LG 등의 대기업들은 상시 재택근무에 돌입했다. 특히 SK 텔레콤의 경우 직원들이 주거지 인근 회사 전용 시설에서 근무하는 스마트워크 센터를 '디지털 워크 2.0'이라는 이름하에 확대했다(유근형·곽도영, 2020; 서동일·홍석호, 2020). 네이버, 카카오와 같은 IT 기업들은 2+3 체제(주 2일 출근 3일 재택근무) 혹은 3+2 체제(3일 출근 2일 재택근무)와 같은 순환 근무제를 도입한 것으로 알려졌다(이지영, 2020). 중소기업의 경우 스마트워크 인프라가 부족한 상황이었으나 최근 중소벤처기업부가 이를 위한 보조금을 기업당 400만 원씩 지원하는 등 스마트워크 활성화를 위한 움직임이 시작되고 있다(홍다영, 2020).

2.2 신종 코로나바이러스와 스마트워크 관련 ICT 사용의 확산: 국외 사례

신종 코로나바이러스 발생 이후 스마트워크와 관련한 근무 환경 변화를 지원하기 위해 많은 기술이 더욱 빠르게 도입 및 확산됐다. 국외 자료에 따르면, 미국에서 신종 코로나바이러스가 심각해진 2020년 3월 14부터 21일까지의 한 주 동안 iOS와 Google Play를 통한 업무 관련 앱의 다운로드가 6천 2백만 건에 이르렀다고 한다. 이는 업무 관련 앱 다운로드 최고 기록이며, 2019년 주간 평균 대비 90% 증가한 수치였다(O'Halloran, 2020).

가장 두드러지게 사용이 늘어난 기술은 화상회의 및 원격근무 솔루션, 클라우드 컴퓨팅 서비스 등으로 대표적인 솔루션·소프트웨어와 그 증가량은 〈표 1〉과 같다. 이 외에도 1) 프로젝트의 중간 점검, 관리, 평가를 위한 솔루션인 Trello, Asana, Monday.Com, Basecamp, Smartsheet, 2) 문서 교환, 협업 및

〈표 1〉 스마트워크 관련 소프트웨어·솔루션 및 신종 코로나바이러스 전후 사용 증가량

솔루션/소프트웨어 형태	솔루션/소프트웨어 이름	사용 증가량
원격근무 및 협업 툴	Microsoft Teams	신종 코로나바이러스 이전 대비, 사용자 수 75% 증가(20년 4월 기준)
	Slack	직전 두 분기 대비, 유료 사용자 80% 증가(20년 2월 ~ 3월 25일 기준) (S&P Global, 2020)
	LogMeln Inc.	20년 1월 초 대비, 화상회의 수 10배 증가(20년 3월 기준)

솔루션/소프트웨어 형태	솔루션/소프트웨어 이름	사용 증가량
화상회의 및 화면공유 솔루션	Cisco Webex	5억 명 이상의 사용자 수를 기록, 평소 트래픽 용량의 3배 초과(20년 4월 기준) (Moorhead, 2020b)
	Zoom	20년 2–4월 전년 동기 대비 매출 2배 이상 증가
	Google Meets	이전 대비 20년 1월 이후 하루 사용자 30배 증가(20년 4월 기준) (Soltero, 2020)
	Pexip	코로나 이전 대비, 사용량 7배 증가(20년 6월 기준) (박상용, 2020)
	Bluejeans	코로나 이전 대비, 사용량 300배 증가(20년 3월 기준) (Kelly, 2020)
클라우드 컴퓨팅 서비스	Microsoft Azure, Windows virtual desktop	코로나 이전 대비, 사용량 3배 이상 증가(20년 3월 기준) (Microsoft Azure, 2020)
	AWS(Amazon Web Services)	전년 동기 대비, 20년 1분기 매출 33% 증가 (Hadden 외, 2020)

공유를 위한 G Suite, Microsoft Office 365, Bit.Ai, Notion, Dropbox, Paper, Box, Plai, SharePoint, Atlassian Confluence, 마지막으로 3) 시간 관리 및 추적을 위한 Timely, Toggl, Everhour와 같은 소프트웨어의 사용이 증가한 것으로 나타났다.

2.3 신종 코로나바이러스와 국내 직장인의 ICT 사용

① 국내 신종 코로나바이러스와 일반적인 모바일 이용

신종 코로나바이러스 발생 이후의 감염 불안 및 사회적 거리 두기 등의 결과, 대면 접촉이 현저히 줄어든 것으로 나타났다. 이는 일반적인 온라인 사용 시간의 증가로 이어졌다.

직장인과 비직장인 모두를 포함한 일반 성인의 모바일 사용량 분석에 따르면, 네이버의 경우 1인당 일 평균 이용 시간은 신종 코로나바이러스 이전인 2019년 11월에 34분 45초에서 3월 마지막 주에는 40분 18초로 나타났다. 카카오톡의 경우 동일 조건에서 36분 16초에서 39분 42초로 증가했다. 신종 코로나바이러스가 악화된 시기인 2월 마지막 주에는 45분 40초까지 늘어나 증가 현상이 심화된 것으로 나타났다(노정연, 2020). 이러한 양상은 설문 응답에서도 유사하게 나타났다. 연구네트워크 중독포럼이 1,017명의 성인 남녀를 대상으로 실시한 설문에서 응답자의 44.3%가 신종 코로나바이러스 발생 이후 스마트폰 사용 시간이 증가했다고 응답했다. SNS 및 온라인 채팅, 뉴스, 쇼핑, 사진 및 동영상, 온라인 게임 순으로 그 사용량이 증가한 것으로 나타났다(장우리, 2020).

② 신종 코로나바이러스와 스마트워크 관련 ICT 사용의 확산: 국내 상황

국내에서도 이러한 일반적인 모바일 기기의 사용뿐만 아니라 업무 관련 ICT 사용 시간 역시 외국과 마찬가지로 증가한 것으로 나타났다. 앞서 언급한 외국의 협업툴에 대한 사용이 증가했으며, 한글과 컴퓨터가 제공하는 협업툴인 한컴스페이스의 경우에도 2020년 2분기 매출이 1,106억 원으로 전년 동기 대비 111%의 증가한 것으로 나타났다(박상용, 2020). 국내 기업들이 선보인 잔디, 라인웍스, 카카오 아지트와 같은 서비스의 사용도 증가했다. 특히 라인웍스의 경우 2020년 신규가입 고객사가 전년 대비 10배 이상 증가한 것으로 알려졌다(박소현, 2020). 이에 더해 카카오가 카카오톡과 연계가 가능한 카카오워크라는 협업툴을 선보여 국내 스마트워크 관련 기술은 더욱 많이 사용될 것으로 예상된다.

본 연구팀은 이러한 문헌 고찰에 기반해 신종 코로나바이러스 상황에서 직장인들의 ICT 행동을 개인 특성 및 근무 환경이라는 조건과 결합해 더욱 심도 있게 탐구하고자 했다. 따라서 본 연구팀은 직장인을 대상으로 설문을 실시하고, 그들의 비업무 관련 온라인 사용뿐만 아니라 업무 관련 온라인 사용에 대한 분석도 실시했다. 자세한 내용은 아래와 같다.

3. 신종 코로나바이러스 발생 이후 국내 직장인의 모바일 행동 분석(2020년 4월 조사 기준)

3.1 데이터 및 분석 소개

본 연구팀은 온라인 패널 조사 기관에 의뢰해 일주일에 20시간 이상 근무하는 직장인을 대상으로 온라인 설문을 시행하고, 설문 응답자들의 스마트폰 사용 데이터를 수집했다. 최근 많은 온라인 패널 조사 기관들은 패널 참여자들의 동의하에, 참여자들의 모바일 행동 정보를 수집하고 있다. 즉, 패널 참여자들이 매일 어떤 앱을 얼마나 오랫동안 사용했는지에 대한 정보가 그들의 스마트폰에서 연속적으로 실행되고 있는 추적 앱을 통해서 실시간으로 기록되는 것이다. 본 연구팀은 신종 코로나바이러스 이후 직장인들의 경험과 모바일 행동을 이해하기 위해 패널 참여자들의 1) 설문 응답과 2) 모바일 행동 데이터를 연결해 분석했다. 총 407명의 참여자들로부터 수집한 설문 응답 결과와 모바일 로그 데이터가 분석에 사용됐는데, 이 중 94.1%가 20-50대였고, 48.1%가 여성, 그리고 93.5%가 학사 학위 이상 소유자였다. 또한 참여자들의 77.6%가 사무직·관리직에 근무, 그 외 전문직(8.8%), 관리직(5.4%), 공공·개인 서비스직(3.4%) 등이었다.

3.2 신종 코로나바이러스 이후 국내 직장인의 경험: 설문 연구

① 신종 코로나바이러스와 근무 환경의 변화

설문 응답자의 52.33%(213/407명)가 신종 코로나바이러스로 인해 근무 환경의 변화를 겪었다고 응답했다. 구체적으로 살펴보면, 〈그림 1〉과 같이 복수 응답이 가능한 질문에서 응답자의 29.5%가 신종 코로나바이러스 이후 원격근무를 경험했고, 31.2%가 선택적 근로 시간제를 사용했다고 밝혔다. 또한 21.9%가 회사의 요청으로 무급 휴가·휴직 혹은 연차를 소진했고, 17%가 회사의 요청으로 격주근무를 한 적 있다고 응답했다. 마지막으

〈그림 1〉 신종 코로나바이러스 발생 이후, 근무 환경 변화

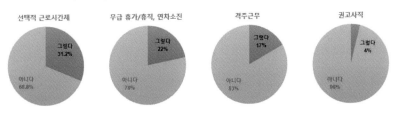

로 3.9%의 응답자가 신종 코로나바이러스 이후 권고사직을 권유받았다고 밝혔다. 이러한 결과는 본 설문이 2020년 4월에 실시됐음을 고려할 때, 코로나 발생 이후 3개월이 채 되지 않는 짧은 시간에 다수의 직장인들이 신종 코로나바이러스로 인해 크고 작은 근무 환경 및 조건의 변화가 있었음을 시사한다.

② 신종 코로나바이러스와 원격근무

설문 응답자 중 원격근무가 권고된 응답자는 참여자의 29.5%인 120명이었다. 〈그림 2〉와 같이 이들 중 주 1일 빈도로 원격근무를 실시한 응답자가 25%, 주 2일이 36.7%, 주 3-4일이 16.7%, 주 5일이 21.7%로 원격근무의 기간이 조직에 따라 다양했음을 보여준다.

〈그림 2〉 원격근무 빈도(코로나 발생-2020년 4월)

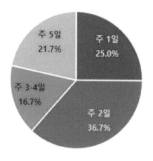

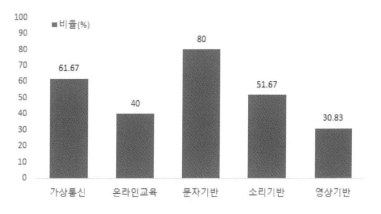

〈그림 3〉 코로나 발생 이후, 업무 목적으로
빈번히(=종종, 자주, 거의 항상) 이용한 커뮤니케이션 수단

또한 〈그림 3〉과 같이 이들이 원격근무를 실시할 때 대다수의 응답자 (98.3%)가 전화, 메신저, 이메일과 같은 가상 통신 기기를 사용한 적이 있고, 78.3%의 응답자가 비디오 시청 등 온라인 교육 또한 경험했다고 밝혔다. 원격근무 동안 사용된 커뮤니케이션 수단으로는 응답자의 대부분이 문자 (예: 이메일, 메신저, 및 문자-95.8%)와 소리(예: 전화-89.2%) 기반의 소통 도구를 이용한 적이 있다고 답했다. 영상 기반의 소통을 경험한 응답자는(예: 화상 통화-56.8%) 상대적으로 낮은 수치를 나타냈다. 소통 도구들의 빈도를 고려했을 때 문자, 소리, 영상 도구의 사용은 더 큰 차이를 보였는데, 원격근무를 경험한 응답자의 대다수(80%)가 문자 기반의 소통을 빈번히(예: 종종, 자주, 거의 항상 응답) 사용한 반면, 51.7%의 응답자만이 소리 기반의 소통을, 30.8%의 응답자만이 영상 기반의 소통을 빈번하게 사용했다. 카카오톡과 같은 메

신저 혹은 이메일이 전화나 영상 통화보다 재택근무 시에 더 빈번히 사용된 소통 도구임을 알 수 있다. 최근 주목받고 있는 영상 기반 소통은 아직까지 널리 확산되지는 않은 것으로 나타났다.

3.3 신종 코로나바이러스와 국내 직장인의 ICT 행동: 모바일 데이터 연구

3.3.1 데이터 수집

설문에 참여한 패널 407명의 모바일 행동을 이해하기 위해 이들의 모바일 로그 데이터를 2020년 1월 1일부터 3월 30일까지 분석했다. 패널 참여자들은 자신의 스마트폰에 항상 실행되는 추적 앱을 사용하는데, 이 앱은 참여자들의 모바일 로그 데이터를 형성, 참여자들이 매일 스마트폰으로 열고 닫는 앱의 사용 시간을 기록했다. 아래 〈표 2〉와 같이 모바일 로그 데이터는 이메일, 모바일 게임, SNS 등 모든 앱 사용 시간을 기록하기 때문에 본 연구팀은 패널 참여자들이 사용한 3,244개의 앱을 총 12개의 카테고리로 나누어 분류했다.

3.3.2 데이터 분석 방법

한국에서 신종 코로나바이러스 첫 확진자가 발생한 것은 2020년 1월 20일이었다. 그러나 신천지 소속의 슈퍼전파자가 발생한 2월 18일 이전까지 신종 코로나바이러스의 확산은 매우 느린 편(2월 17일 누적 확진자 30명)이어서 2월 18일 이후 일반 대중이 신종 코로나바이러스에 대한 체감 및 위기감이 급증했을 것으로 판단했다. 따라서 신종 코로나바이러스가 모바일 행동에 미치는 영향을 조사하기 위해 본 연구팀은 2020년 1월 1일부터 확진자 수가 급증한 2월 18일까지의 모바일 행동과 2월 18일 이후부터 3월 31까지의 모바일 행동을 비교 분석했다.

3.3.3 분석 1: 모바일 앱 사용 시간 전체

아래 표와 그림은 분석에 사용된 앱 카테고리의 이름과 분류된 앱의 예시, 그리고 신종 코로나바이러스 급증 전후의 앱 사용 시간을 보여준다. 패널 참여자들의 총 앱 사용 시간의 일일 평균은 신종 코로나바이러스 급증

〈표 2〉 신종 코로나바이러스 급증 전후 직장인의 모바일 행동 비교

	앱 분류	앱 예시	일 평균 사용 시간(초) (신종 코로나바이러스 급증 전)	일 평균 사용 시간(초) (신종 코로나바이러스 급증 후)
1	회사 그룹웨어	Global Groupware, 한비로, 하이웍스	18.34	22.61
2	사내소통 앱	OfficeCoreTalk, 하이웍스 메신저	4.96	9.20
3	일반소통 앱	카카오톡, WeChat, Gmail, 네이버메일	141.53	177.26
4	생산성 앱	Dropbox, PDF 리더, Google Docs	869.67	968.04
5	구직교육 앱	공무원 시험 일정, 공인중개사요약집	0.57	0.58
6	언어학습 앱	영단어 마스터, EBS어학FM, 무료생활중국어	24.67	24.75
7	일정 관리 앱	Reminders, Google 캘린더, 체크리스트	91.51	78.85
8	학습 관련 앱	멀티캠퍼스 러닝플레이어, 휴넷평생교육원	4.40	10.99
9	자격증 취득 앱	자격증 기출문제 스터디웨이, 포켓한국사	4.22	13.33
10	도서 관련 앱	밀리의 서재, 교보문고, 국회 전자도서관	51.25	76.19
11	게임 · 오락 앱	블리자드, 온디스크, 티비 다시보기	487.32	669.15
12	기타 앱	T데이터쿠폰, 주식챔피언, 성경, 한양대학교 모바일 스마트캠퍼스	28372.16 (7.88 시간)	29553.01 (8.21 시간)
	총 모바일 사용량		31750.97 (8.82 시간)	33454.83 (9.29 시간)

이전(8.82시간)과 이후(약 9.29시간)를 분석했을 때 통계적으로 유의하게 증가(p<.05)하는 것으로 나타났다. 구체적으로 일정 관리 앱을 제외한 모든 카테고리에서 신종 코로나바이러스 이후 일일 평균 앱 사용량이 증가한 것을 알 수 있다. 특히 신종 코로나바이러스의 급증 이후 업무 수행을 위한 앱(예: 사내소통, 생산성 앱)과 여가 활용을 위한 앱(예: 도서 및 게임·오락 앱)은 그 증가가 통계적으로 유의했다. 아래는 직군, 성별, 연령, 가족 형태, 그리고 근무 환경 변화에 따른 앱 사용량의 변화를 분석한 결과이다.

3.3.4 분석 2: 직군, 인구통계학적 특성, 가족 형태와 모바일 행동

위의 자료를 대면 활동이 상대적으로 적게 요구되는 사무·관리직(77.6%)과 대면 활동이 많이 요구되는 나머지 직군(예: 공공 및 개인 서비스직, 영업직, 및 현장직: 22.4%)으로 나누어 모바일 행동을 분석했다. 〈그림 4〉와 같이 대면 활동

〈그림 4〉 신종 코로나바이러스 급증 전후, 모바일 앱 종류별 사용 시간

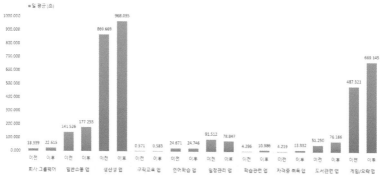

이 적은 직군에서는 회사 그룹웨어 앱과 게임·오락 앱의 사용이 통계적으로 유의하게 증가한 것으로 나타났다. 대면 활동이 많은 집단에서는 일반소통, 생산성 관련 앱의 사용이 유의하게 증가한 것으로 나타났다.

인구통계학적 특성을 살펴보면 첫 번째, 성별에 따른 분류에서 남성은 신종 코로나바이러스 이후 회사 그룹웨어 앱과 도서 관련 앱, 게임·오락의 사용이 유의하게 증가한 것으로 나타났다. 반면 여성은 일반소통 앱과 생산성 관련 앱의 사용이 유의하게 증가한 것으로 나타났다.

두 번째, 〈그림 5〉와 같이 연령별 구분으로 볼 때 55세 이상의 직장인들이 신종 코로나바이러스 전후 모바일 앱 사용 시간이 가장 크게 증가한 것으로 나타났다. 특히 일반소통 앱의 사용이 유의하게 증가한 것으로 나타났다. 45-55세의 경우에는 일정 관리 앱의 사용 시간이 감소했다. 34-45세의 경우에는 학습 관련 앱의 사용이 증가했으나, 35세 이하의 경우에는 다시 일반소통 앱의 사용이 증가한 것으로 나타났다.

〈그림 5〉 성별, 연령별 모바일 앱 사용량

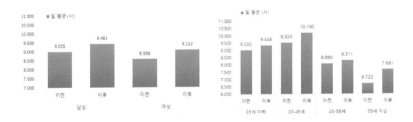

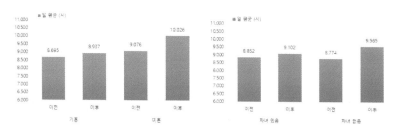

〈그림 6〉 가족 형태별 모바일 앱 사용

세 번째, 결혼 여부와 자녀 유무에 따른 앱 사용량 변화를 살펴보았다. 〈그림 6〉과 같이 미혼이거나 자녀가 없는 직장인들의 경우 모바일 앱 사용량이 크게 증가한 것으로 나타났다. 특히 일반소통 앱과 게임·오락 앱 사용 시간이 통계적으로 유의하게 증가하는 것으로 나타났다. 반면 기혼이거나 자녀가 있는 경우에는 일정 관리 앱 사용 시간이 오히려 줄어들었을 뿐, 신종 코로나바이러스 급증 전후로 다른 앱 사용량에는 유의한 차이는 없었다.

소결: 〈표 3〉은 집단별 신종 코로나바이러스 급증 전후 모바일 행동의 변화를 요약한 것이다. 대면 활동이 많은 직군에 종사하는 직장인의 경우, 신종 코로나바이러스로 인한 대면 접촉의 제한을 극복하기 위해 직무에 직접적으로 관련된 그룹웨어 및 생산성 앱, 그리고 일반소통 앱을 신종 코로나바이러스 급증 이후에 더 많이 사용하게 된 것으로 보인다.

• 반면 대면 활동이 적은 직군에 종사하거나 남성이거나, 미혼이거나, 자녀가 없는 직장인의 경우, 신종 코로나바이러스 급증 이후에 더 많은 여유시간이 생기게 되었고, 이것이 게임·오락 앱 사용의 증가에 반영

된 것으로 보인다. 여유시간의 증가에 관해서는 개인, 직무 및 산업별로 차이가 있을 수 있으나 신종 코로나바이러스로 인한 업무량 자체의 감소와 직장 내 회식 및 기타 사교활동의 감소 등을 원인으로 추측할 수 있다. 흥미로운 점은 여성이거나 기혼 직장인의 경우 게임·오락 앱 사용이 증가하지 않았다는 점이다. 이는 신종 코로나바이러스로 집단 보육 및 교육이 제한되면서 가사 부담의 증가로 게임·오락 등을 위한 여유시간이 늘지 않은 것으로 짐작된다.

- 또한 카카오톡과 같은 일반소통 앱의 사용량 증가도 두드러졌는데, 이 부분 역시 미혼 혹은 자녀가 없는 직장인의 경우에 특히 유의하게 나타났다. 이는 사회적 거리 두기로 인한 외로움 및 고립감을 일반소통 앱의 사용을 통해서 극복하려 한 것으로 추측된다.

- 그러나 34-45세 직장인의 경우, 신종 코로나바이러스 급증 이후 일반소통 앱의 사용은 증가하지 않은 반면에 평생학습교육원, 대학공개강의 등 학습 관련 앱의 사용이 증가하는 것으로 나타났다. 이는 직장에서 가장 실질적인 업무를 담당하며 커리어의 성장을 추구하는 34-45세의 직장인의 경우에 다른 연령대보다 증가한 여유시간을 게임·오락이나 사교활동보다는 자기 개발에 사용하고 있음을 시사한다.

〈표 3〉 직장인의 개인 특성과 모바일 앱 사용 증가 종합

앱 분류	신종 코로나바이러스 급증 전후 사용량이 통계적으로 유의하게 증가한 집단
회사 그룹웨어 및 생산성 앱	대면 많은 직군 종사자, 남성과 여성 모두
게임·오락 앱	대면 적은 직군 종사자, 남성, 미혼, 자녀 없는 직장인
일반소통 앱	대면 많은 직군 종사자, 미혼, 자녀 없는 직장인, 35세 미만 혹은 55세 이상
학습 관련 앱	34-45세 직장인

3.3.5 분석 3: 근무 형태 변화와 모바일 행동

마지막으로, 〈그림 7〉과 같이 신종 코로나바이러스로 인해 근무 형태의 변화에 따른 앱 사용량의 차이를 살펴보았다. 상기의 설문 연구에서 응답자인 직장인들의 원격근무, 선택근무, 연차소진, 격주근무 경험의 여부를 조사한 결과를 응답자의 앱 사용량과 연결해 분석했다.

〈그림 7〉 근무 형태별 모바일 앱 사용 시간(전체)

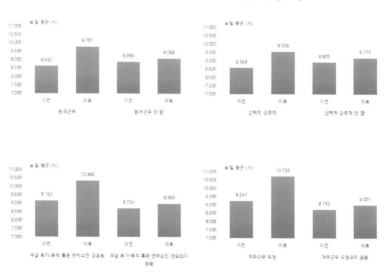

근무 형태가 변화한 직장인의 경우 그 형태가 변화하지 않은 직장인과 달리, 모바일 사용량이 유의하게 증가한 것으로 나타났다. 위의 변화 중 하나

라도 경험한 직장인들은 특히 일반소통 앱(예: 카카오톡)의 사용 증가가 신종 코로나바이러스 급증 전후로 통계적으로 유의하게 증가했다. 반면 근무 형태 변화를 경험하지 않은 직장인들의 경우 그 증가가 유의하지 않았다.

근무 형태 변화의 종류에 따라 구별해 살펴보면, 원격근무를 경험한 직장인의 경우 일반소통 앱뿐만 아니라 도서 관련, 게임·오락 앱의 사용도 증가해, 원격근무 시행에 따른 여유시간이 증가했음을 시사했다. 연차소진을 실행한 직장인의 경우도 유사하게 일반소통 앱과 도서 관련 앱 사용이 유의하게 증가한 것으로 나타났다.

선택 근무제를 실시한 직원의 경우 신종 코로나바이러스 급증 이후로 일반소통 앱의 사용만 증가했을 뿐, 다른 모바일 행동의 변화가 나타나지 않았다. 오히려 선택 근무제를 실시하지 않은 직장인들의 경우 생산성 앱을 신종 코로나바이러스 급증 이후 더 많이 사용한 것으로 나타났다.

모바일 행동과 관련해 가장 두드러지는 근무 형태의 변화는 격주근무의 실시였다. 다른 근무 형태의 변화와는 달리 격주근무를 실시한 직장인의 경우에 드롭박스나 구글독스와 같은 생산성 앱의 사용이 증가한 것으로 나타났다.

소결: 〈표 4〉에 요약한 것과 같이 신종 코로나바이러스의 급증 이후, 어떤 형태이든 근무 형태의 변화를 겪은 직장인들은 사회적 교류 및 소통을 위한 모바일 행동(예: 일반소통 앱 사용의 증가)이 증가하는 것으로 나타났다. 전통적인 직장은 업무 달성뿐만 아니라 사회적 교류의 장을 제공한다. 그러나 이러한 직장의 사회적 기능이 신종 코로나바이러스로 인한 근무 형태의 변화로 제한되었고, 따라서 직장인들의 사회적 욕구를 다른 방식으로 충족시키기 위

해 일반소통 앱의 사용이 증가한 것으로 추측할 수 있다.

<표 4> 직장인이 경험한 근무 환경 변화와 모바일 앱 사용 증가 종합

앱 분류	신종 코로나바이러스 급증 전후로 사용량이 증가한 집단
생산성 앱	선택 근무제를 경험하지 않은 직장인
게임 · 오락 앱	원격근무를 경험한 직장인
일반소통 앱	원격근무, 선택근무, 연차소진, 혹은 격주근무를 경험한 직장인
도서 앱 혹은 생산성 앱	격주근무를 경험한 직장인

- 특히 원격근무 혹은 연차소진을 실시한 직장인의 경우, 스마트폰을 통한 업무 활동(예: 그룹웨어 및 생산성 앱 사용)보다는 여가활동(예: 독서 및 게임 · 오락) 시간이 증가하는 것으로 나타났다. 선택 근무제 역시 업무 활동 앱 사용의 증가에 영향을 주지 않았다. 이는 원격근무 및 스마트워크의 많은 장점을 강조한 기존의 문헌과 상반되는 결과이다. 그러나 신종 코로나바이러스 발생 이후의 많은 원격근무가 확진자 발생 등의 이유로 충분한 기술적 지원 없이 갑자기 시행되었다는 점, 또 다수의 원격근무 대상자가 신종 코로나바이러스 확진자 및 근접 접촉자였다는 특수한 상황을 고려할 필요가 있다. 즉, 소수의 IT 기업을 제외한 우리나라의 많은 기업들은 아직 효율성 높은 원격근무 환경을 제공하지 못한 것으로 보인다.

- 단, 격주근무의 경우, 본 연구가 조사한 근무 형태 변화 중 유일하게 생산성 앱 사용의 증가와 유의한 관계를 보였다. 이는 격주근무의 경우,

원격근무와 달리 기업들이 충분한 의사결정 과정과 준비과정을 거친 후 조직적인 차원에서 시작되는 경우가 많았기 때문으로 추측된다. 즉, 스마트워크 환경이 체계적으로 준비될수록 직장인들의 ICT 활용은 증가할 것이고, 이는 업무 생산성의 증가로 이어질 것이다.

4. 실무적 제언: 위기, 변화 관리와 스마트워크를 위한 리더십

신종 코로나바이러스로 인해 직장인들은 1) 감염병이라는 개인적, 사회적 위기, 2) 원격 혹은 격주근무와 같은 업무 형태의 조직적 변화, 그리고 3) 스마트워크를 위한 새로운 기술 도입을 경험하고 있다. 이러한 상황에서 직장인들을 효율적으로 관리하고 동기를 부여하기 위해 기업의 경영자 및 관리자에게 필요한 위기관리 및 변화 관리 그리고 스마트워크를 위한 리더십을 아래에 간략히 소개한다.

4.1 위기관리를 위한 리더십

신종 코로나바이러스는 직장인들이 생명의 위협까지 느낄 수 있는 상황으로 많은 직장인들이 업무 내외적으로 겪고 있을 부정 정서에 초점을 맞추어야 한다. 특히 감염병 상황에서는 행동적 면역 시스템이라는 심리적 기제의 활성화로 인해 직장인들이 무의식적으로 대면 활동 및 대인 활동을 꺼리거나 상대에게 무례하고 신경질적인 언사를 보일 확률이 높아진다 (Schaller&Park, 2011). 따라서 관리자들은 직장인들의 이러한 상태를 이해하고 원격근무가 불필요한 상황이더라도 불필요한 접촉 및 상호작용을 최소화해야 한다. 또한, 기업이 직원들의 안전 및 건강을 보호할 수 있다는 자신감과 신뢰를 심어주기 위한 소통과 활동들이 더해져야 한다.

4.2 변화 관리를 위한 리더십

신종 코로나바이러스의 상황에서 직장인들은 단순한 외부적 위기뿐만 아니라 여러 가지 업무적, 조직적 변화를 내부적으로 겪게 된다. 이 과정에서 많은 스트레스와 부담을 경험할 수 있다. 예를 들어 신종 코로나바이러스로 인한 새로운 규제 및 업무 방식이 소개됐을 때 직원들은 ICT 기술 학습에 대한 자신감의 결여 및 두려움을 겪을 수 있다. 또한, 예상되는 추가 업무에 대한 저항감을 느낄 수도, 불확실한 미래 상황에 대한 불안감을 느낄 수도 있다(Oreg 외, 2018). 따라서 관리자들은 직장인들이 변화에 대해 느낄 수 있는 정서적인 저항 및 부담을 이해해야 한다. 이를 완화하기 위해 변화의 실행 이전에 직원들에게 충분한 설명과 설득 및 교육을 제공하고 관련된 의사 결정에 직원들이 참여하게 해 그 실행에 직원들이 책임감을 가지고 몰입할 수 있도록 이끌어야 한다. 예를 들어 신종 코로나바이러스 상황에서 직원들이 경험하는 어려움을 경청하고, 이에 대처하기 위한 방안들을 직원들과 함께 고민하는 과정이 필요할 것이다.

4.3 스마트워크를 위한 리더십

신종 코로나바이러스 발생 이전부터 증가한 재택, 원격근무 및 글로벌 팀 내의 가상 협업으로 인해 경영학계에서는 가상 리더십(virtual leadership)에 대한 논의가 증가되고 있다. 온라인상의 팀과 근로자를 관리하고 이끄는 가상 리더십은 부하직원인 팔로워들과 친밀하고 정서적인 관계를 맺기가 어렵다는 점에서 전통적인 리더십과 차이를 보인다(Schmidt, 2014). 가상 리더십의 활용을 위한 실무적인 조언으로는 회의는 집중력 있고 짧게 진행할 것, 관련 자료는 미리 전달할 것, 개별 직원의 소통에 대한 선호를 파악하고 존중할 것, 또 직원들의 다양한 근무 시간·형태 및 실수에 대해 관용을 가질 것이 요구된다. 신종 코로나바이러스의 장기화로 스마트워크의 가속화 및 확산이 예상되는 지금, 가상 리더십을 키우기 위한 조직 차원의 교육 및 훈련이 필요할 것이다.

5. 결론

본 장에서는 신종 코로나바이러스 발생 이후 직장인들의 경험을 그들의 모바일 행동과 연결 지어 살펴보았다. 먼저 문헌 조사를 통해 신종 코로나바이러스 이후 국내·외적으로 원격 및 재택근무가 증가했고, 이를 위한 ICT 기술의 사용 또한 증가해 화상회의 및 원격근무 솔루션, 협업툴, 클라우드 컴퓨팅 서비스에 대한 이용이 늘어난 것을 확인했다. 즉, 신종 코로나바이러스 발생 이후 스마트워크의 움직임이 가속화된 것이다.

이에 더해 본 연구팀은 국내 직장인을 대상으로 설문 및 모바일 로그 데이터 분석을 실시해 신종 코로나바이러스 발생 이후 절반에 가까운 응답자가 원격근무, 선택근무, 연차소진, 격주근무, 권고사직 등의 변화를 겪은 것을 실증적으로 확인했다. 또한, 신종 코로나바이러스 급증 이후 직장인들이 모바일 사용 총량이 증가한 것으로 나타났다. 특히 업무 수행을 위한 앱(예: 사내소통, 생산성 앱)과 여가 활용을 위한 앱(예: 도서 및 게임 · 오락 앱)이 통계적으로 유의하게 증가했음을 밝혀냈다. 그러나 직군 특성, 성별, 연령, 가정 형태, 그리고 근무 환경 변화의 형태에 따라 신종 코로나바이러스로 인한 모바일 행동이 다르게 변화한 것으로 나타났다. 따라서 직원들의 업무적, 개인적 특성 및 근무 환경을 고려한 위기 및 변화, 스마트워크 관리의 리더십이 필요할 것이다.

신종 코로나바이러스(COVID-19) 사태 이후 LEAD 산업(Luxury, Entertainment, Art and Design)의 Untact 서비스 진화방향

양희동(이화여자대학교 경영대학)

1. 서론

신종 코로나바이러스(COVID-19) 사태 이후 사회적 거리 두기로 인해 비대면이 강제되면서 전 세계적으로 디지털화가 급속도로 이루어지고 있다. 미국, EU, 중국에서는 5G와 AI 등 위기 극복 및 국가 경쟁력 제고를 위해 디지털화에 필요한 인프라 구축에 많은 투자를 하고 있다. 우리나라 역시 정부 주도하에 '한국판 뉴딜 정책'이 추진됐다. 한국판 뉴딜 정책은 디지털 뉴딜, 그린 뉴딜, 안전망 강화로 구성되어 있는데, 특히 그중에서도 '디지털 뉴딜'의 '비대면 산업 육성'에 대한 지원이 이루어짐에 주목할 필요가 있다. 정부에서는 총사업비 2.5조 원을 투자해 비대면 인프라 구축을 추진할 예정이다. 비대면 산업과 관련해 우리나라에는 '언택트(Untact)'라는 신조어가 생길 정도로 많은 분야에서 관심을 가지고 있는 주제라고 볼 수 있다. 디지털화로 인해 주목받고 있던 언택트 경제는 코로나19 사태로 더 빠르게 다양한 방식으로 발전하고 있다. 전문가들은 코로나 시대 이후 언택트 산업이 더욱더 유망해질 것이라 예측하고 있으며 실제로 다양한 언택트 서비스가 출시되고 있다.

더욱 주목해볼 것은 지금까지 대면이 필수라고 여겨졌던 분야들의 변화이다. 예술, 스포츠 등의 경우 사람들은 직접 보고 체험하는 것에 큰 의미를 부여한다. 따라서 비대면에 의한 타격을 다른 분야보다 더 많이 입게 됐다. 이에 따라 정부 및 지자체의 지원이 다양해지고 있다. 한국문화예술위원회에서는 언택트 시대를 맞아 비대면 예술 개척을 위한 '2020 아트앤테크 활성화 창작지원사업'을 진행했으며, 울산과 완주에서는 각각 '2020 비대면 예술창작활동 지원사업 공모'와 '2020 완주예술온플랫폼 비대면 콘텐츠 제작 지원사업 공모'를 통해 예술의 비대면화를 적극 지원하고 있다. 이러한 지원뿐만 아니라 예술 및 스포츠, 럭셔리 분야는 이미 언택트의 흐름에 맞추어 다양한 서비스들을 선보이고 있다.

본 연구에서는 산업 특성상 대면하는 것이 중요했던 예술, 스포츠, 럭셔리 분야의 언택트 서비스 사례들을 살펴보고 이들을 분류 및 정리해 위 분야의 언택트 서비스들을 유형화시키는 것을 목표로 한다. 다른 분야보다 비대면 대체가 어려울 것이라 예측되는 분야인 만큼 서비스들을 정리해 프레임워크를 제시한다면 앞으로의 언택트 서비스 발전에 기여할 수 있기 때문에 이러한 연구는 의의가 있다고 볼 수 있다.

2. Sport & Art Industries

2.1 스포츠 산업 개요

2.1.1 스포츠 산업의 개념 및 분류

현대 스포츠 산업에서 쓰는 스포츠(sport)라는 용어는 넓은 개념의 것으로, 스포츠 관광(sports tourism), 레저(leisure), 피트니스(fitness), 레크리에이션 (recreation) 등에 중점을 둔 경험, 활동, 비즈니스 기업을 조직하는 것, 위에서 언급한 스포츠를 유치하는 것, 용이하게 하는 것, 제작하는 것에 관련된 모든 사람들, 활동, 사업, 그리고 어떤 조직을 의미하는 데에 사용하는 개념이다. 스포츠 산업(sport industry)은 그 구매자에게 제공되는 제품이 운동, 피트니스, 레크리에이션, 레저와 연관된 시장(market)을 의미한다. 그것이 활동, 재화나 용역, 장소나 아이디어일 수도 있다(Western Virginia University).

시대의 발전과 더불어 스포츠 산업이 성장하면서 산업의 분류도 점차 세분화되어가고 있지만, 국제적으로 통용되는 스포츠 산업의 분류체계는 존재하지 않는다. 다만 문화체육관광부에 따르면, 스포츠 산업은 스포츠 시설업, 스포츠 용품업, 스포츠 서비스업으로 분류하고 있다. 스포츠 시설업하에는 스포츠 시설 운영업과 이러한 시설을 세우는 건설업으로 분류된다(문화체육관광부, 2020b). 스포츠 용품업은 운동 및 경기 용품업과 운동 및 경기 용품 유통 및 임대업으로 구분할 수 있다. 스포츠 서비스업은 스포츠 관련 마케팅 혹은 복권 발행과 같은 스포츠 경기 서비스업, 신문, 잡지, 방송 등의 미디어로 관련 정보를 전달하는 스포츠 정보 서비스업, 스포츠 활동을 가르치는 스포츠 교육기관, 이외에 스포츠 게임 관련 업종이나 여행업과 같은 기타 스포츠 서비스업으로 나눌 수 있다.

〈표 1〉 스포츠 산업 분류 공급자 관점

스포츠 시설업	스포츠 시설 운영업
	스포츠 시설 건설업
스포츠 용품업	운동 및 경기 용품업
	운동 및 경기 용품 유통 및 임대업
스포츠 서비스업	스포츠 경기 서비스업
	스포츠 정보 서비스업
	스포츠 교육기관
	기타 스포츠 서비스업

출처: 문화체육관광부, 2020a

위의 경우를 스포츠라는 주제를 공급하는 입장에서 분류했다고 볼 수 있는데, 이러한 분류체계는 최근의 경향을 반영하고 있지 못하다는 점에서 여러 문제가 제기될 수 있다. 특히 스포츠와 다양한 업종 간 융 · 복합이 용이하게 이루어짐으로써 새롭게 파생될 시장을 분류하는 데에 어려움이 있다. 따라서 스포츠를 소비하는 수요자의 입장을 반영해 관련 시장을 구분해야 할 필요성이 대두된다. 이러한 시각을 적용해, 강준호과 김화섭(2013)은 스포츠 시장 가치망에 따른 새로운 분류체계를 제시했다. 이들은 스포츠 산업을 크게 2가지로 분류했다. 하나는 전문적인 개체들에 의해 생산되는 시장으로 프로 스포츠 관람을 목적으로 두어 간접적인 참여 형태를 띠는 관람

〈표 2〉 스포츠 산업 수요자 관점

본원시장	
관람 스포츠 시장	프로 스포츠 이벤트
	아마추어 스포츠 이벤트
	국제 스포츠 이벤트
참여 스포츠 시장	이벤트형 참여 스포츠
	비이벤트형 참여 스포츠

출처: 강준호 외, 2013

스포츠 시장이다. 다른 하나는 전문적인 선수가 아닌 일반적인 참여자들에 의해 생산 및 소비되는 시장으로 다양한 스포츠 활동과 더불어 피트니스, 혹은 체육 교실과 같이 직접 참여하는 참여 스포츠 시장이다. 관람 스포츠

〈그림 1〉 스포츠 시장 가치망 개념도

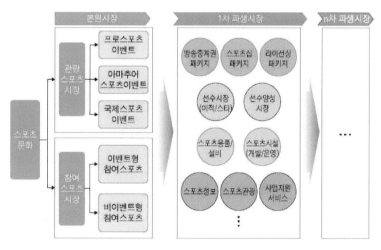

출처: 강준호 외, 2013

시장은 선수들의 수준과 활동 영역에 따라 프로, 아마추어, 국제 스포츠 이벤트 시장으로 나누어질 수 있으며, 참여 스포츠 산업은 스포츠 상품 생산 활동의 유형에 따라 이벤트형과 비이벤트형 시장으로 구분된다. 그리고 이러한 시장을 기반으로 여러 가지 파생 산업이 새롭게 등장하고 있다.

2.1.2 스포츠 산업 특성과 현황

스포츠 산업은 스포츠 활동에 필요한 시설과 입지 조건에 대한 의존도가 높다. 따라서 이를 소비하는 소비자들에게는 스포츠 시설의 규모나 위치는 중요한 요건이 된다. 또한, 스포츠 산업은 시간 소비형 산업이다. 축구 관람을 하거나 경기를 진행하기 위해서는 기본적으로 3시간 이상이 소비되며, 다른 스포츠 종목도 시간 비용이 완전히 동일하지는 않지만 일정 시간 이상이 필요하다는 것은 다르지 않다. 주 5일제 근무, 한국의 경우 주 최대 52시간 근무 등의 도입으로 전반적인 노동 시간의 감소와 여가 시간의 증가에 따라 관람 및 참여 스포츠가 활성화됐다.

스포츠 산업은 고부가가치 산업으로 많은 국가에서 신 성장 동력으로 인정받고 있다. 축구의 경우 월드컵과 다양한 스포츠 경기를 보여주는 올림픽과 같은 메가 스포츠 이벤트 또는 프로 스포츠를 통한 스타 선수에 의해 고부가가치를 지닌 제품을 생산하고 있다. 예를 들어 스포츠 선수로서 경기장에서 자신이 지니고 있는 경기력, 스포츠가 지니는 고유한 가치, 그리고 선수들의 경기력이 결합한 상품성을 지님으로써 소비자들이 선호하는 정보 가치를 제공하고, 이를 통해 선수보증광고(endorsement) 혹은 스폰서십 등의 형태를 통해 부가가치를 생산하고 있다. 또한 단일 종목의 스포츠 이벤트가 가지는 효과를 보면, 2017/18시즌 유럽축구연맹(UEFA)이 UEFA 챔피언스 리그(Club competitions&other revenue)와 UEFA 유로파(EURO&European Qualifiers)를 주관해 벌어들인 총 수익은 27억 8,980만 유로(한화 약 3조 6,229억 원)로 나타났다. 구체적으로 살펴보면, TV 방송권의 수익은 중계권료 22억 6,310만 유로(한화 약 2조 9,389억 원), 마케팅 판권으로 인한 수익은 4억 5,380만 유로(한화 약 5,893억 원), 입장권 판매로 인한 수익은 2,330만 유로(한화 약 3,025억 원)로 구성되어 있다(문화체육관광부, 2020b). 이렇듯 스포츠 산업은 큰 부가가치를 생산해 내는 산업이다.

네 번째로, 스포츠 산업은 오락성을 지니고 있어 이를 소비하는 사람들에게 재미와 즐거움이라는 가치를 안겨준다. 이러한 특성은 이를 즐기는 사람들에게 신체적인 건강과 동시에 정서적 만족을 제공해 대중의 복지에 기여한다고 판단되어 국가 정책 차원에서도 스포츠 산업이 차지하는 비중이 높아지고 있으며, 매해 스포츠 산업의 크기가 커지고 있다. 문화체육관광부(2020)가 제공한 《2019 스포츠산업실태조사 보고서》에 따르면, 스포츠 산업 사업체 수가 2016년 95,387개에서 2018년 103,145개로 증가했고, 매출액 역시 한화 기준 약 72조에서 약 78조가량으로 늘어났다고 한다. 정책적인 차원에서도 일맥상통한다. 정부가 스포츠 산업을 정책대상으로 파악하고 지원하기 시작했던 1990년대 후반에는 산업체 자체를 지원 대상에서 제외하고 체육 활동에 필요한 용구의 품질 향상에 초점이 맞추어져 있었다. 그러나 2000년대에 들어 스포츠 산업이 전 세계적으로 각광받고 있음을 인지하면서 2018년에 2019-2023 제3차 스포츠산업 중장기 발전 계획을 발표했다(문화체육관광부, 2020b).

2.2 예술 산업 개요

2.2.1 예술 산업의 개념 및 분류

예술(Art)은 원래 기술과 같은 의미를 지닌 용어로, 아름다움을 만들고 표현하는 활동이나 작품을 뜻한다(Oxford Dictionaries). 예술과 산업에 대한 논쟁은 상당히 오랜 역사를 가진다. 예술가 진영과 산업화 진형의 입장 차도 여전히 존재한다. 전자의 입장에서는 예술 그 자체의 순수성이 예술 문화 산업으로 변모함으로써, 예술을 세속화하고 상품화해 그 자체가 타락한다고 본다. 그럼에도 불구하고 대중들의 예술에 대한 향유 욕구가 커지면서 예술의 산업화는 급속도로 진행되고 있다. 프랑스 재정경제부가 2014년 발표한 자료에 따르면, 사회에서의 예술가의 위치가 특히 2008년 경제 위기 이후 상승했다고 보도했다(Le Ministère de l'Économie et des Finances, 2014). 예술가들이 모호한 창작 활동, 예술 전용의 공간에서의 안락함에 더 이상 만족을 느끼지 못하기 때문이다. 이러한 배경 아래, 예술은 산업의 한 종류로서 자리매김하게 됐다.

예술 산업 역시 스포츠 산업과 마찬가지로 복합적인 산업체의 성격을 띠고 있다. 이를 고려해 예술 산업은 예술 활동을 기준으로 크게 2가지로 분류할 수 있다. 하나는 전시 예술 산업(exhibition art)이다. 전시 예술은 회화(painting), 조각(sculpture) 등의 미술 작품이나 문화재 등을 보관하고 전시하는 박물관을 대표적 예시로 들 수 있다. 다른 하나는 공연 예술 산업(performance art)이다. 공연 예술은 전시 예술보다 더 다양한 곳에서 이루어지고 있다. 그 예로 오페라 하우스, 영화관이나 극장 등이 있으며, 이와 관련된 산업을 공연 예술 산업이라 할 수 있다. 〈표 3〉에 해당한다.

또한 예술 역시 스포츠 산업과 마찬가지로 소비자를 고려했을 때, 관람 산업과 참여 산업으로 분류할 수 있다. 〈표 4〉에 해당하며 간접적인 참여 형태를 띠는 관람 예술 시장과 직접 참여하는 참여 예술 시장으로 예술 산업을 분류할 수 있다.

〈표 3〉 예술 산업 분류 소비자의 관점

예술 산업	관람 예술 산업
	참여 예술 산업

〈표 4〉 예술 산업 분류 주체자의 관점

예술 산업	공연 예술 산업
	전시 예술 산업

2.2.2 예술 산업 특성과 현황

국가 발전의 새로운 목표가 경제 성장만이 아닌 삶의 질 향상으로 전환되면서 문화 예술을 향유하는 데 있어서 관심이 주목되고 있다. 앞서 2.1.2에서 언급했듯, 경제 발전과 함께 국민의 여가 문화가 활성화되면서 예술 산업 역시 이를 기반으로 크게 성장하고 있다.

예술 산업의 대표적 속성 중 하나는 'OSMU(one-source multi-use)'로 하나의 콘텐츠를 영화나 게임, 책 등의 다양한 방식으로 개발해 판매하는 전략을 말한다. 원본의 예술 콘텐츠 하나를 기반으로 원본과는 다른 형태로 변용함으로써 부가 가치를 극대화할 수 있다. 예를 들어, 월트 디즈니사의 애니메

이션을 이용해 캐릭터 사업으로 매출을 올리는 것이나 해리포터 책을 기반
으로 영화나 관련 굿즈 사업 등으로 확장하는 것이다. OSMU적 특성과 함
께 앞으로 융합 산업이 대두되면서 예술 산업의 성장이 더욱 커질 것으로
관측된다.

　미국 경제분석국(The Bureau of Economic Analysis, BEA)의 데이터는 미국에서
예술 업계가 미국 경제 산업에서 차지하는 비중이 2017년 8,780억 미국 달
러에 달하며, 미국 내 5백만 개의 직업을 지탱하고 국가 GDP의 4.5%를 차
지하고 있음을 보여준다(BEA, 2020). 이를 통해 예술 산업이 국가 전체 산업
에서 일정 비중을 차지하고 있음을 알 수 있다. 또한 〈그림 2〉에 나와 있는

〈그림 2〉 Poids des branches culturelles dans l'économie

Tableau 1 – Poids des branches culturelles dans l'économie

En milliards d'euros et en %

Répartition par domaine culturel	Production totale (marchande et non marchande)		Valeur ajoutée	
	Valeur (en milliards d'euros)	Poids (en %)	Valeur (en milliards d'euros)	Poids (en %)
Audiovisuel	31,8	33,1	13,0	27,7
Édition, presse	16,5	17,2	7,2	15,3
Spectacle vivant	11,1	11,5	6,6	14,1
Publicité	11,9	12,4	5,8	12,3
Patrimoine	7,7	8,0	4,6	9,7
Arts visuels	8,3	8,7	3,8	8,1
Architecture	6,1	6,4	3,8	8,0
Enseignement artistique et culturel	2,7	2,8	2,2	4,7
Total culture	**96,0**	**100,0**	**47,0**	**100,0**

Note : données provisoires.

출처: Laure Turner, 2020

바와 같이 Laure Turner(2020)가 발표한 ≪Le poids économique direct de la culture en 2018≫에 따르면, 2018년에 문화 예술과 관련된 경제의 비중이 약 470억 유로로 전체 경제 규모의 2.3%에 해당하며 이는 더욱 증가하고 있는 추세이다. 이 조사에 포함된 예술 산업 분야의 경우, 예술을 기반으로 파생된 산업이 고려되지 않았기 때문에 실제로 예술 산업이 차지하는 비중은 더욱 클 것으로 예상된다.

2.3 신종 코로나바이러스 확산과 스포츠 및 아트 산업

2020년 초부터 시작된 신종 코로나바이러스 대유행 사태로 전 세계 경제가 흔들리고 있다. 특히, 존재(existence) 여부를 기반으로 하는 산업 분야의 피해는 더욱 크다. 앞으로의 발전이 확실히 관측됐던 스포츠, 아트 산업이 그 대표적인 예다. 앞서 언급했듯 수요자의 관점을 반영한 스포츠 산업, 예술 산업은 기본적으로 그 활동을 하는 주체와 이를 관람하는 관객으로 이루어져 있다. 따라서 경기나 공연과 같은 이벤트들이 없다면 산업 전체가 축소될 가능성이 다분하다. 문화체육관광부 장관은 이 두 산업과 관광 산업이 신종 코로나바이러스 확산의 영향으로 가장 큰 피해를 입은 산업이라고 언급했다. 관광 산업이 스포츠 및 아트 산업과 관련이 깊기 때문에 이 분야의 피해는 유기적이다. 따라서 피해액은 예상보다 훨씬 클 것이고 산업 방식에 있어 코로나19 이전으로의 완전한 복귀는 어려울 가능성이 높다.

스포츠 업계의 메가 이벤트 중 하나인 올림픽을 예로 들어보자면 본래 도쿄에서 열릴 예정이었던 2020 하계 올림픽은 결국 2021년으로 연기됐고 다이이치생명경제연구소는 이번 연기로 인해 최대 3조 2천억 엔의 피해 금액이 발생할 것이라고 예상했다.

예술 업계도 마찬가지 상황이다. 미국의 비영리 기관인 Americans for the Arts의 조사 결과에 따르면, 미국 내 예술 업계가 신종 코로나바이러스가 시작된 이래로 2020년 4월 7일까지 약 45억 미국 달러의 손해를 입었다고 밝혔다(Americans for the Arts, 2020).

신종 코로나바이러스가 언제 종식될지 불투명한 상황에서 이 같은 산업계의 추가 피해는 계속 발생할 것이기에 이를 극복하기 위한 방안이 필요하다. 세계적인 경제학자이자 미래학자인 자크 아탈리(Jacques Attali)는 15세기 흑사병의 대유행 이후 새로운 예술이 부상했음을 인용해 신종 코로나바이러스로 인해 새로운 예술이 탄생할 것이라 역설했다. 그는 특히 디지털과 결합된 신기술을 활용한 예술의 등장과 발전을 전망했다.

2.4 2P/DS-Untact framework

2.4.1 설정 배경

이전의 스포츠 및 예술 시장은 목표 타기팅(targeting) 시 향유 계층을 고려해 경제적인 요건으로 그 대상을 나누는 경향이 컸다. 그 이론적 배경은 이러하다. 부르디외(Bourdieu)의 문화 자본론은 스포츠나 예술과 같은 문화 활동을 통해 얻는 지식인 문화 자본이 풍부한 상류층은 그러한 양식이나 미적 감각을 자연스럽게 내면화하지만 하위 계층은 이러한 경험이 결핍되어 쉽게 문화에 접근하기 어렵다고 보고 있다. 문화 자본은 경제 자본으로 쉽게 치환되고 또다시 경제 자본은 문화 자본을 축적하는 기회로 전환되기 때문에 부와 문화를 향유할 수 있는 능력은 연관이 있다고 보았다(Pierre Bourdieu, 1979). 또한 스포츠가 발전하게 된 배경도 이에 영향을 주었다. 19세기 말부터 영국에서 시작된 대부분의 새로운 스포츠들이 프랑스에서 군대식 혹은 학교용 체육에 반대하는 형식으로 크게 발전하게 됐는데, 특히 엘리트 집단이 모여 있는 사립학교에서 이루어졌다고 한다(De Saint Martin Monique, 1989). 즉, 스포츠는 사회적 상류층이 즐기는 문화였다는 것이다. 우리나라의 경우 정부의 정책하에 대중화된 축구나 영화 산업은 계층을 나누는 것이 거의 무의미해졌으나, 여전히 골프나 승마, 오페라나 순수 예술 전시회와 같은 장르는 귀족 스포츠, 귀족 예술이라는 인식이 강하다(조광익·도경록, 2010). 어떤 종류의 스포츠, 혹은 예술이 이러한 인식을 바탕으로 하고 있는지는 각 나라마다 다르겠지만, 향유하기 위해 드는 비용이 상대적으로 큰 경우에는 여전히 부를 기반으로 나뉘어 있는 것이 사실이다. 마케팅 역시 이러한 상황을 고려해 이루어지고 있을 것이다.

그러나 모바일(mobile) 기기의 등장과 이를 기반으로 발전한 여러 가지 플랫폼(platform)은 스포츠와 아트 시장에 변화를 이끌어 내고 있다. 기술의 발전으로 다양한 상황에 처해있는 사람들이 기존에는 즐기지 못했던 문화들을 향유할 수 있게 되면서 계층 간의 구분이 모호해지고 있음은 자명하다. 스포츠와 아트를 향유하는 계층의 구분이 더 이상 필수적이지 않다는 것이다. 이러한 시대의 흐름과 함께, 신종 코로나바이러스 대유행 이후 더욱 가속화될 언택트 경제(Untact Economy) 하의 아트 및 스포츠 산업에 있어 목표 시장을 향유 계층이 아닌 새로운 관점으로 나누어 보고자 한다.

2.4.2 Untact framework 제시

기존에는 목표 시장을 설정할 때 소득을 고려하지 않을 수 없었지만, 기술 발전과 더불어 포스트 코로나 시대에는 사회적, 경제적 격차로 인한 향유물의 차이는 더욱 줄어들 것이다. 그렇다면 새롭게 설정될 시장 선정에서 전문성에 차이를 둘 수 있다. 전문성은 쉽게 그 간격이 메워지지 않는 특성이 있기 때문에 목표 시장 설정에서 professional은 전문가를 뜻하는데 스포츠 및 아트 산업 분야를 직업으로 삼은 사람을 포함한다. Public은 대중을 의미하며 professional이 아닌 사람이다. 또한 앞서 스포츠, 아트 산업 분류에 관해 위 산업 분야에서 수요자의 시각을 고려한 분류표에서 크게 관람하는 시장과 참여하는 시장으로 나누어 타기팅할 수 있음을 알 수 있다. 따라서 〈표 5〉에 나타낸 바와 같이 2×2 형태의 도표로 언택트 경제에서의 아트 및 스포츠 산업의 틀(framework)을 제시하고자 한다.

〈표 5〉 언택트 경제를 통해 알아본 스포츠 아트 산업 framework

		목표 시장	
		Public	Professional
참여방식	Do	ⓐ	ⓑ
	See	ⓒ	ⓓ

ⓐ는 대중, 즉 두 스포츠나 아트 분야 관련 직업을 갖지 않은 이들이 위 두 분야에 직접 참여하는 것을 의미한다.

ⓑ는 프로가 직접 참여하는 경우를 대상으로 하는데, 그들의 직업을 더욱

잘 수행할 수 있게 돕는 비즈니스가 해당될 수 있다.

ⓒ는 대중이 관람하는 시장을 나타낸다.

ⓓ는 전문가들이 간접 참여하는 경우를 표적 시장으로 선정하고자 한다.

기존 직접 참여에 한정되어 있었던 프로들이 do만 하는 존재에서 see를 할 수 있게 보조하는 역할의 비즈니스가 이에 해당한다. 혹은 주로 관람의 주체이자 프로들에게 일방적인 소통을 했던 대중을 보거나 그들과의 소통을 원활하게 해 주는 비즈니스도 해당될 수 있다. 온라인 플랫폼의 발전으로 새롭게 등장한 시장이라고 할 수 있다.

2.4.3 사례

제시된 예시들은 신종 코로나바이러스 발병 이전의 것도 포함하는데, 이는 언택트 경제가 기존에 존재하지 않았다고 볼 수 없기 때문이다. 다만 이번 팬데믹 상황으로 이러한 경제가 더욱 강화될 것이 분명하기에 이러한 예시들을 인지하고 더욱 발전시켜야 할 것이다.

〈표 5〉의 각 셀에 해당하는 사례를 관찰해봄으로써 예술 및 스포츠 산업 관계자들은 장기적으로 나아가야 할 방향성을 결정할 수 있을 것이다. 단기적으로는 신종 코로나바이러스로 인해 막대한 피해를 입은 현 상황을 타개할 가능성을 엿볼 수 있을 것이다.

① 스포츠 산업

ⓐ Public-Do: Device 기반 체험형 서비스

Whoop은 멤버십(membership)에 가입하면 Whoop strap 3.0이라고 하는 웨어러블(wearable) 기기를 무료로 제공한다. Whoop은 fitness tracker로서 매일 매시간 사용자의 신체를 가장 정확하고 세분화된 분석 자료를 제공한다. Whoop strap 3.0은 매우 가볍고 방수 기능을 지녔으며, 한 번 충전 시 5일간 지속되는 배터리가 특징이다. 사용

〈그림 3〉 Whoop strap 3.0

출처: Men's health

자가 얼마나 트레이닝을 해야 하는지, 어떻게 효율적으로 몸을 회복해야 하는지, 얼마만큼의 수면이 필요한지 등을 자세히 알려주기 때문에 유명 프로 스포츠 선수들도 착용해 상당한 브랜드 마케팅 효과를 보고 있다. 6개월, 12개월, 18개월로 제공되는 갱신 가능한 멤버십은 6개월 사용 기간에 월 30달러, 총 180달러라는 저렴한 가격으로 제공하고 있으며 일반인, 대중들이 쉽게 구매할 수 있다는 점에서 ⓑ보다는 ⓐ를 표적 시장으로 선정했다고 할 수 있다. 크로스핏(crossfit)이나 사이클링과 같이 운동량이 상당한 스포츠를 즐기는 사용자가 사용하기 좋다. 또한 신종 코로나바이러스 대유행 사태 이후 호주CQ대학, 하버드 메디칼 스쿨과 같은 유명 대학들이 헬스 케어 단체들과 협업해 코로나19의 증상, 치료, 완화 등을 연구하고 있다. 연구 결과와 기존 데이터를 기반으로 Whoop은 어떤 사람이 코로나 검사를 받아야 하고

자가 격리(self-isolate)를 해야 하는 대상인지를 구분해 내는 등의 기능도 제공하고 있다.

ⓐ-② E-sports 관련

〈그림 4〉 Vindex 로고

출처: Vindex 홈페이지

Vindex는 e-sports 인프라 플랫폼으로 글로벌 플랫폼, 기술 서비스를 제공한다. Esports Engine과 NGE(Next Generation Esports)를 솔루션으로 제공한다. Esports Engine은 e-sports 프로그램을 개발하고 디자인하고 실행한다. NGE는 세계적인 수준의 제작과 전문가적인 사업을 제공한다. 이스포츠 리그 로고 디자인, 토너먼트 형식에 관한 제안이나 방송과 관련한 것, 이벤트 쇼 제작 등을 수행한다. 이 예시의 경우 인프라 플랫폼으로 선수들의 경기가 더욱 잘 수행될 수 있도록 돕는다는 점과 이들의 경기를 방송으로 송출하는 데 역할을 한다는 점 모두를 고려했을 때 ⓐ뿐만 아니라 ⓑ에도 해당한다고 볼 수 있다.

ⓑ Professional-Do: Big Data 기반 경기 분석

〈그림 5〉 야구 선수 분석

출처: BLA

Big League Advance(BLA)는 스포츠 세계에서 다양한 애플리케이션으로 예측 분석하는 서비스를 제공하는 기업이다. BLA는 마이너 리그 야구 선수들의 커리어 기획에 초점을 두었으나 현재는 전 스포츠를 대상으로 하고자 한다. 모든 메이저 스포츠를 가로지르는 예측 모델을 만들어 사업 확장을 목표로 하고 있다.

ⓒ Public-See: 스포츠 구독 경제 콘텐츠

〈그림 6〉 The Athletic 로고

출처: The Athletic

The Athletic은 지역, 국가적 스포츠 보도를 제공하는 소비자 다이렉트 구독 미디어로 2016년 창설됐다. 판타지 축구게임(fantasy football), 프로 아이스하키 리그(NHL), 야구 메이저리그(MLB) 등 주로 8가지 종목의 스포츠를 다루며 미국, 캐나다, 영국 내 지역 리그 역시 다루고 있다. 또한 팟캐스트, 비디오, 기사 등의 다양한 형태로 보도하고, 기사 자체를 읽어주는 Speak Article 기능도 포함되어 the Athletic 앱만 다운받으면 이용할 수 있게끔 높은 편리성도 제공한다.

ⓓ Professional-See : 팬 커뮤니티

〈그림 7〉 The Players' Tribune 홈페이지

출처: The Players' Tribune

The Players' Tribune은 뉴미디어 기업으로 선수들에게 그들 자신의 언어로 팬들과 직접적으로 소통할 수 있는 플랫폼을 제공한다. 비디오나 팟캐스트와 같이 다양한 형태로 스포츠 선수가 팬들에게 직접 말을 전달함으로써 스포츠 경기 주체로서 존재했던 프로들이 관람의 주체였던 대중과 소통할 수 있다는 점, 경기 자체를 팬들에게 보여주는 것이 아니라 선수들 그 자신의 이야기와 역사를 말한다는 점에서 ⓓ영역에 해당한다고 볼 수 있다.

② 아트 산업

ⓐ Public-Do: 참여형 아트

〈그림 8〉 페르낭 레제(Fernand Léger)의 작품 QR코드와 동물의 숲 활용 장면

출처: polamuseum

　신종 코로나바이러스 확산 이후 '동물의 숲'은 공식 홈페이지에서 원하는 명화의 QR코드를 찾아 닌텐도 스위치 온라인 동물의 숲 앱을 설치한 뒤 마이 디자인 탭에 들어가 QR코드를 스캔해 저장하면 게임 속에서 명화를 감상하거나 이를 직접 수정할 수 있게 했다. 이는 더욱 확대되어 각 미술관에서 동물의 숲에 이용할 수 있게 QR코드를 제공하고 있다. 또는 옷이나 집을 직접 디자인할 수 있고, 명화를 활용해 게임 속 섬을 꾸미거나 게임 캐릭터의 옷을 만드는 등 다양한 방식으로 예술을 즐길 수 있다. 이러한 점에서 동

물의 숲 명화 패러디는 직접 작품을 수정하거나 만들 수 있다는 점에서 ⓐ, 명화를 그대로 가져와 자신만의 박물관을 만들어 명화 자체를 관람할 수 있다는 점에서 ⓒ, 두 가지 셀 모두에 해당된다고 볼 수 있다.

ⓑ Professional-Do: 아티스트 플랫폼

SAYHO는 크게 '공연 및 이벤트'와 '레슨'의 두 거래 분야를 내세운 온라인 플랫폼이다. 소비자가 공연이나 레슨을 선택해 보낸 요청서는 SAYHO가 다시 프로에게 전달하고, 프로가 이를 보고 견적서를 소비자에게 보낸다. 공연이나 이벤트는 레슨에 비해 규모가 큰 분야로 이를 요청하는 수요자는 대중이라기보다는 관련 업체일 가능성이 크다. 설령 고객이 대중이라고 하

〈그림 9〉 SAYHO 이용 방법

출처: SAYHO

더라도 레슨의 경우를 제외하고는 축가와 같이 전문가가 참여할 수 있게끔 고객의 요청이 필요한 과정에 초점이 맞추어져 있기 때문에 ⓑ에 해당하는 사례로 보기 충분하다. 다만 대중이 전문가의 수업을 받거나 그를 활용할 수 있다는 점에서는 ⓐ에 해당될 수 있다.

ⓒ Public-See: 랜선 공연

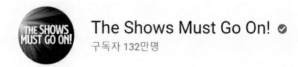

〈그림 10〉 The Shows Must Go On 유튜브 채널

출처: The Shows Must Go On

신종 코로나바이러스 사태 이후 공연 업계의 막대한 손실을 보충할 방안으로 랜선 공연이 주로 채택되고 있다. 2020년 3월 오픈한 'The Shows Must Go ON'이라는 유튜브(Youtube) 채널은 공연 전체 영상뿐만 아니라 백스테이지까지 공개해 대면 공연이 어려워진 뮤지컬 공연을 비디오로 제공하고 있다. 이뿐만 아니라 네이버의 'Beyond Live', SBS 프로그램 '트롯신이 떴다' 등 다양한 예술 분야에서 랜선, 언택트 공연을 펼침으로써 대중들이 신종 코로나바이러스 시대에 집에서도 공연을 관람할 수 있도록 서비스를 제공하고 있다.

ⓓ Professional-See: 연결망 플랫폼

〈그림 11〉 K-ARTMARKET 로고

출처: K-ARTMARKET

K-ARTMARKET은 한국 미술 시장 정보시스템으로 한국 미술 시장의 정보를 객관적으로 파악할 수 있도록 돕는 온라인 플랫폼이다. 이를 통해 미술 시장의 동향이나 작품의 가격 정보를 공유할 수 있고, 작가들을 위한 홍보 채널도 제공하고 있다. 반드시 아티스트가 아니더라도 이들을 등용하고자 하는 전문가도 포함될 수 있다. 미술 업계의 전문가들이 이 플랫폼을 통해 미술 작품이나 동향을 파악하고 홍보 채널을 시청함으로써 아티스트들과의 협업이나 박물관·전시회를 위한 미술품 선정 등에 도움을 받을 수 있다는 점에서 ⓓ에 해당한다.

3. 럭셔리(Luxury) 산업

3.1 럭셔리의 개념과 역사

럭셔리 제품은 희소성, 독특성, 비대중적 요소를 갖는 물품으로 높은 품질과 장인 정신을 바탕으로 고귀한 이미지와 고가(高價)의 가치를 갖는 제품이나 서비스를 말한다(최낙환 외, 2015). 우리나라에서는 흔히 명품(名品)이라는 단어와 혼용하여 사용되고 있다. 본래 영어 단어 럭셔리(Luxury)는 '보기에 고급스럽고 호화로운 것'이라는 의미를 가지고 있어 '뛰어나거나 이름난 물건 혹은 작품'이라는 뜻을 가진 명품(名品)과는 혼용되지 않았으나, 1980년대 한국의 수입 자유화와 경제성장으로 해외 브랜드가 유입되면서부터 두 단어가 동일하게 불리게 된 것으로 보인다. 현대 럭셔리 산업을 이해하기 위해서는 유행의 시대라고 불리는 19세기 유럽을 살펴볼 필요가 있다. 19세기 말 20세기 초는 프랑스에서 의류 산업이 꽃 피던 시절이었다. 프랑스어로 고급 주문복 의상점이라는 뜻을 가진 오트쿠튀르(haute couture)는 세계의 하이패션을 리드하는 회원점으로 세계 상류 계층 고객의 주문복, 오더메이드 의류를 만들어 차별화된 상품을 판매했다(김유경, 2003). 이것이 점차 부티크(Boutique)로 변화하며 디자이너의 이름이 들어간 의상뿐만 아니라 향수, 스카프, 백 등의 상품 개발과 상품 명칭 사용권을 판매하는 형태로 발전해 갔다(장지혜, 2009). 이곳에서 유능한 디자이너나 전통을 지닌 장인들이 만들어내는 고품질의 상품들이 점차 상류층들 사이에서 입소문을 타고 유명해지면서 높은 가치를 지니는 럭셔리 브랜드들로 발전하게 된 것이다. 이렇

〈그림 12〉 1940년 구찌(GUCCI) 이탈리아 피렌체 매장

출처: 네이버 세계 브랜드백과

듯 19세기 럭셔리 제품들은 단순히 좋은 재료와 좋은 품질로 된 상품을 넘어 사람들의 꿈·이미지·모티프(motif)를 불러일으키는 하나의 심볼(symbol)이 됐다(Pierre Berthon 외, 2009). 당시 럭셔리 상품들을 소유하기 위해서는 높은 가격을 지불해야 했기에 주로 상류층들이 주 향유계층에 해당됐는데, 그들이 갖는 럭셔리 제품들의 화려함과 희소한 가치는 사람들의 선망 대상이 됐고, 이것이 지금의 럭셔리 산업을 만들어낸 것이라고 볼 수 있다. 지금도 유럽에서는 유명 럭셔리 브랜드들의 부티크를 찾아볼 수 있다.

3.2 럭셔리 산업 동향

3.2.1 럭셔리 산업의 성장

럭셔리 산업은 불황 속에서도 계속해서 성장해왔다. 럭셔리 시장은 2013 년부터 계속해서 성장해왔고, 신종 코로나바이러스의 전 세계적인 확산으로 전례 없는 경제 불황을 눈앞에 두고 있는 2020년에도 럭셔리 시장은 호황으로 예측되고 있다. 실제로 2020년 5월 한국의 샤넬(CHANEL) 매장에서는 매장이 열리기 전부터 줄을 서다가 매장을 열자마자 달려가는 '오픈런' 현상이 일어났고, 중국의 경우 코로나19 이후 오픈한 에르메스(Hermès) 매장에서 1일 최대 매출을 기록하기도 했다. SK증권이 인용한 펜실베니아 대학의 '테러 마케팅' 논문에 따르면, 사람들은 죽음에 대한 두려움, 좋지 않은 감정을 경험했을 때 럭셔리 브랜드에 대한 선호가 올라가는 것으로 나타났다고 한다. 즉, 이번 신종 코로나바이러스 확산 사태 이후에 사람들은 휴가 시즌임에도 불구하고 여행이나 기타 여가 생활에 돈을 쓸 수 없는 대신 명품을 사겠다는 일종의 보복 심리와 더불어 아직 치료제가 개발되지 않은 전염병에 대한 공포심이 럭셔리 제품을 구매하고자 하는 욕구에 영향을 주었을 것으로 추측해볼 수 있다.

3.2.2 럭셔리 산업 성장의 이유: 소비 가치를 중심으로

그렇다면 사람들이 럭셔리 상품에 열광하는 이유는 무엇일까? 이를 분석하기에 앞서 럭셔리 상품을 구매하는 사람들의 소비 심리를 살펴볼 필요가 있다. 럭셔리 상품은 단순히 제품의 가격이 높다고 해서 사람들의 소비 욕구를 불러일으키지 않는다. 럭셔리 상품을 구매함으로써 얻게 되는 자기만 족 혹은 사회적 배타성이 사람들의 소비 욕구를 부추긴다고 볼 수 있다. 럭셔 리 상품을 구매함으로써 얻을 수 있는 소비 가치의 특성은 아래 〈표 6〉과 같 다. 가치의 종류는 크게 2가지로 나뉘는데, 외부 지향적 가치는 타인에게 보 이는 자아와 럭셔리 상품을 가짐으로써 얻게 되는 사회적인 지위와 연관되 어 있다. 외부 지향적(Outer-directed) 가치를 추구하는 이들은 가격이 높으면서 품질이 좋은 럭셔리 상품을 소비함으로써 자신의 사회 경제적 지위를 표현 하고 고양시키는 일종의 사회적 소비에 해당한다. 또한 단순한 과시를 넘어 원활한 사회관계를 형성하기 위한 매개체인 사회적 상징물로 소비하는 것이 라고 볼 수 있다. 반면 내부 지향적인(Self-directed) 가치를 추구하는 이들은 독 창적이고 희귀한 상품을 갖는 것으로 자신의 자아와 가치를 표현하고 확인하 며 스스로의 즐거움과 만족을 충족시키려는 특징이 있다(김지연 · 황상민, 2009).

〈표 6〉 럭셔리 상품 소비 가치의 종류 및 요소

가치의 종류	이론적 요소
외부 지향적 (Outer-directed)	탁월성(excellence), 장인정신(craftsmanship), 눈에 띄는 소비(conspicuous consumption), 과시욕과 베블렌 효과(bandwagon, snob and Vebeln effects), 완벽주의 효과(perfectionism effect), 보여주기식 흔적(signs), 지위 · 존중감(status · esteem), 위신(prestige), 사회적 정체성(social identity), 독특성(uniqueness), 진정성(authenticity)
내부 지향적 (Self-directed)	밴드왜건 효과(Bandwagon effects), 개인정체성(personal identity), 미적요소(aesthetics), 자기만족(self-gift giving), 고유성(uniqueness), 진정성(authenticity), 경험(the experience), 소비자-브랜드 관계망(consumer-brand relationships), 브랜드 공동체(brand community), 완벽주의 효과(perfectionism effect), 배타성(exclusivity)

출처: Co-creating value for luxury brands, Tynan 외, 2010

이 두 가지의 소비 가치 중 외부 지향적 가치는 앞에서도 언급한 럭셔리 산업이 각광받던 초기(우리나라의 경우 수입 자율화 비율이 절정에 달하던 1987년 이후)에 사람들이 럭셔리 상품을 구매하던 주된 이유가 됐다고 볼 수 있다. 럭셔리 상품의 향유계층이 귀족이나 상류계층에 속하던 사람으로 제한되어 있었기에 럭셔리 상품의 구매가 곧 그들의 사회·경제적인 지위를 보여주는 수단이 되거나 특정 사교모임에 들어가기 위한 방법이 됐기 때문이다.

3.2.3 럭셔리 산업의 세대교체와 소비 가치 변화

과거의 럭셔리 시장은 2차 세계대전 이후인 1946년부터 1964년 사이에 태어난 베이비붐 세대들과 X 세대들에 의해 주도되어 왔다고 볼 수 있다. 반면 현재는 럭셔리 소비의 주체가 밀레니얼 세대와 Z 세대(이하 MZ 세대)로 세대교체가 되면서 럭셔리 산업에도 대대적인 변화의 바람이 불고 있다. 밀레니얼 세대는 과거 어느 세대보다 높은 수준의 교육과 풍족한 환경에서 성장해 물질 소유욕이 강하지만 럭셔리를 특별한 것이 아닌 라이프 스타일로 인지하고 있다(최지현 외, 2017). 또한 모바일 및 디지털 기기를 다루는 데 익숙해 오늘날 명품에 대해서 더 많은 정보를 갖고 있는 세대이다(Ramadan, 2019). **Bain/Farfetch forecasts**는 밀레니얼 세대가 2025년까지 세계 개인 명품 시장의 40%를 차지할 것으로 전망한 바 있다. MZ 세대의 경우 저성장 시대에 태어나 불확실한 미래에 투자하기보다 현재에 만족하는 삶을 추구하며 단순히 고가의 유명한 브랜드를 선택하기보다 친환경적이고 사회적 책임을 다하는 브랜드를 선택하는 소비 경향을 보인다. 그들에게 럭셔리는 더 이상 부나 사회적 성공을 의미하는 것이 아닌, 개인의 정체성과 개성을 나타낼 수 있는 수단이다. 이렇듯 MZ 세대의 대부분은 독특하고 개성 있는 럭셔리 상품을 구매하거나, 특정 브랜드의 철학이 본인이 가진 고유한 가치관에 부합할 때 해당 브랜드의 럭셔리 상품을 소비하는데, 이는 그 이전 세대와는 확연히 다른 소비패턴을 보여주고 있다. 이와 더불어 MZ 세대의 등장으로 럭셔리 상품의 중고 시장 또한 새롭게 주목받고 있다. MZ 세대들은 럭셔리 상품을 단순히 소유하는 것을 넘어 되팔아 이익을 남길 수 있는 대상으로 인식하고 있기 때문이다. 실제로 한국의 중고 거래 사이트인 번개장터 이재후 대표는 MZ 세대들 사이에서 중고 거래가 취향 거래 수단으로 자리 잡고 있다고 한다. 본래 중고 채널을 통한 럭셔리 제품의 소비는 경험적 가치를 충족시켜주지 못한다는 한계가 지적됐지만 점차 럭셔리 제품의 소비 연령 대가 낮아지고 새로운 소비 가치가 확산됨에 따라 럭셔리 제품의 중고 시장 도 활성화되고 있다고 볼 수 있다(Turunen 외, 2020). 2018년에는 글로벌 럭셔리 중고 시장의 가치가 2,612억 달러에 달하기도 했다(PR Newswire, 2020).

3.3 언택트 시대의 럭셔리 산업

3.3.1 럭셔리 시장의 변화

비즈니스 산업 전반에 걸쳐 디지털화가 빠른 속도로 진행됨에 따라 모바일 플랫폼을 구축하고 고객들의 소비 채널을 확대하는 것이 중요한 핵심으로 떠오르고 있다. 하지만 럭셔리 산업은 럭셔리가 갖는 고유의 특성으로 인해 디지털화를 진행하는 데 위험성이 클 것으로 예상됐던 분야이다. 럭셔리 브랜드들은 고유의 배타성을 보존하고 제품의 특수성을 유지하는 것이 중요했다. 단순히 럭셔리 제품을 구매해 소유하는 것 외에도 고객들이 럭셔리 브랜드 매장에 방문해 얻을 수 있는 독특한 경험 자체도 럭셔리 산업에서 중요한 부분을 차지했기 때문이다. 실제로 샤넬 패션 부문 사장은 럭셔리 부티크에서의 경험은 그 무엇으로도 대체 불가하다고 했다(Holmqvist 외, 2020). 하지만 럭셔리 시장의 소비를 주도하는 주체가 모바일 기반 서비스에 익숙해져 있는 MZ 세대로 변화하고 있다는 점과 모든 부문에서 디지털화가 진행되면서 온라인 플랫폼을 통한 매출도 큰 비중을 차지하는 현재의 산업 특성상 럭셔리 산업도 변화와 혁신이 필요했다. 이에 따라 프리미엄 이미지 고수 등의 이유로 럭셔리 제품 온라인 판매에 거부감을 드러내던 럭셔리 그룹 및 브랜드들이 자사의 온라인 플랫폼을 구축하며 새로운 변화의 바람을 불러일으켰다. Bain & Company는 앞으로 럭셔리 시장의 25%는 온라인 채널에서 비롯될 것이며, 2025년에는 럭셔리 소비의 절반이 온라인에서 이루어질 것이라고 전망했다(Ryu, 2020). 특히 2019년 하반기에 신종 코로나바이러스가 전 세계적으로 확산됨에 따라 모바일 플랫폼을 강화하는 등의 변화가 필수 불가결해지면서 앞으로 럭셔리 산업에서 언택트 기반의 온라인 유통 채널의 비중이 더욱더 확대될 것으로 전망된다. 따라서 다음 내용에서는 럭셔리 산업에서 중요시되는 '존재'(Presence)를 중심으로 언택트 시대에 럭셔리 산업이 어떻게 변화하고 있는지와 과거에는 고객의 직접 경험이 필수적이라고 여겨졌던 부분이 현재는 어떻게 대체되고 있는지를 관련 사례들을 바탕으로 살펴보고자 한다.

〈표 7〉 Physical Presence & Social Presence

	낮은 사회적 존재감 (Weak Social Presence)	높은 사회적 존재감 (Strong Social Presence)
원격 존재감 (Tele-Presence)	㉮ App Tact	㉯ On-Tact
물리적 존재감 (Physical Presence)	㉰ Untact 1.0	㉱ Face-to-Face

3.3.2 Presence 개념 중심의 럭셔리 산업의 변화

여기서 말하는 존재감이란 실제로 물리적인 장소에 사람이 존재하는지와 사람의 존재 자체를 느낄 수 있는지 없는지의 여부를 뜻한다. 먼저 가로축에 속하는 원격 존재감(Tele-Presence)과 물리적 존재감(Physical Presence)은 본인이 물리적 현장에 실제로 있는지 없는지의 여부를 나타낸다. 즉, 원격 존재감이란 현장에 있지 않고 원격으로 만나는 것이고, 물리적 존재감이란 현장에 존재하고 있음을 말한다. 세로축에 속하는 낮은 사회적 존재감(Weak Social Presence)과 높은 사회적 존재감(Strong Social Presence)은 타인의 존재를 얼마나 느끼는지의 여부에 해당한다. 즉, 낮은 사회적 존재감이란 타인의 존재를 느끼기 어렵다는 것을 의미하고, 높은 사회적 존재감이란 타인의 존재를 강하게 느끼는 것과 더불어 상대방과의 직접적인 소통이 가능하다는 것을 뜻한다. 각 개념을 바탕으로 〈표 7〉에 제시된 ㉮, ㉯, ㉰, ㉱의 4개 영역을 설명하면 다음과 같다.

먼저, ㉮영역에 해당하는 앱택트(App Tact)는 본인이 물리적 장소에 존재하지 않으면서 상대방에 대해서 낮은 존재감을 느끼는 영역으로 문자나 모바일 메신저 등을 활용한 텍스트 위주의 소통이 해당한다. 애플리케이션 (Application)을 통한 거래 및 소통이나 전자상거래(e-commerce)에서의 물품 결제 혹은 상품 문의 등도 이 영역에 해당하는 대표적인 사례라고 볼 수 있다.

㉯영역에 해당하는 온택트(On-tact)는 본인이 물리적인 장소에 존재하지 않지만 상대방에 대해 높은 존재감을 느끼는 영역이다. 주로 일반 전화 및 화상 전화 등과 같이 상대방의 목소리를 직접 들으며 실시간으로 소통이 가능하고, 나아가 상대방의 표정이나 제스처(gesture) 등 비언어적 표현을 간접적으로나마 보고 느끼며 소통하는 것이 가능한 영역에 해당한다.

㉰영역은 본인이 물리적인 장소에 직접 존재하고 있지만 상대방의 존재감은 별로 느낄 수 없거나 아예 직접적인 소통이 이루어지지 않는 영역에 해당한다. 대표적으로 매장에 직접 방문하지만 직원과 면대면 소통을 하지 않고 기계로 주문하는 키오스크(Kiosk)의 활용이 이 영역에 해당한다고 볼 수 있다. 또한 온라인 앱을 통해 주문하고 매장에 직접 찾아가 주문한 상품만 전달받는 스타벅스(Starbucks)의 사이렌 오더(Siren Order)도 이 영역에 적합한 예시이다.

마지막으로 면대면(Face-to-face) 소통이 이루어지는 ㉱영역은 말 그대로 상대방과 직접적인 소통이 이루어지는 영역이다. 본인이 특정 장소에 물리적으로 존재해 있으면서 상대방도 같은 공간에 존재해 서로 얼굴을 마주 보고 직접적으로 소통하는 것이 이 영역에 해당한다.

3.3.3 Physical Presence & Social Presence 기반 사례

위에서도 언급했듯이 럭셔리 산업은 존재감이나 현장감이 시장 전반적으로 중요한 부분을 차지해 거의 모든 과정이 위 도표의 ㉮영역에 해당한다. 실제로 다른 영역보다 모바일 플랫폼으로의 대체가 더뎠던 분야에 속하기도 했다. 하지만 신종 코로나바이러스의 확산으로 산업 전반에 언택트가 중요한 화두로 떠오르면서 면대면 외의 영역에서도 고객에게 충분한 존재감과 현장감을 느낄 수 있게 하는 것이 중요한 관건으로 떠올랐다. 따라서 아래 내용에서는 럭셔리 브랜드들이 각 브랜드별 웹페이지나 애플리케이션을 만드는 것 외에 어떤 변화를 만들어가고 있는지를 위 도표를 기반으로 한 영역별 사례를 제시하고자 한다.

㉮ App Tact

최근 럭셔리 브랜드들은 매장에 직접 방문하지 않아도 모바일 플랫폼을 통해 자사 브랜드 제품들을 간접적으로 체험해볼 수 있도록 하고 있다.

- 구찌(GUCCI)의 증강현실(AR) 기반 제품 착용 서비스: 최근 구찌는 구찌 앱(Gucci App)을 통해 자사의 대표 제품 '에이스 스니커즈'를 가상으로 착용해 볼 수 있는 증강현실 기술을 공개했다. 증강현실 기술을 통해 새로운 서비스를 제공하는 것은 럭셔리 브랜드 중 구찌가 최초인 것으로 알려져 있다. 신발 외에도 안경, 모자 등의 신상품을 증강현실에서 직접 착용해볼 수 있으며 마음에 드는 상품은 구찌 공식 온라인 스토어에서 바로 구매가 가능하다.

〈그림 13〉 구찌 앱에서 선보인 증강현실 신제품 가상 체험

출처: nss Magazine

- 닌텐도(Nintendo)의 인기 게임 '모여봐요 동물의 숲'과의 협업: 유명 럭셔리 브랜드인 발렌티노(Valentino), 마크제이콥스(Marc Jacobs), 메종키츠네(Maison Kitsuné) 등이 사람들로부터 많은 인기를 얻고 있는 '모여봐요 동물의 숲' 게임과 협업해 게임 내 캐릭터가 입을 수 있는 옷, 모자 등

〈그림 14〉 발렌티노 의상을 입은 '모여봐요 동물의 숲' 게임 속 캐릭터

출처: 소비자 평가 뉴스

의 의류를 무료로 배포했다. 특히, 게임 속에서 브랜드의 옷을 다운받기 위해 필요한 ID 코드를 반드시 자사 온라인 몰에서 확인하도록 한 점은 간접적으로 자사 브랜드 제품을 홍보하는 전략 중 하나라고 볼 수 있다.

- 버버리(Burberry)의 온라인 게임 '비 바운스'(B Bounce): 이 게임은 플레이어가 버버리의 의상 중 원하는 옷을 고르면 캐릭터가 해당 상품을 착용하고 달을 향해 올라가면서 포인트를 획득한다. 1등에게는 버버리 재킷뿐만 아니라 맞춤 제작 선물도 제공하며 고객들의 게임 참여를 독려해 버버리 커뮤니티에 직접 참여할 수 있도록 하고 있다.

〈그림 15〉 버버리 비 바운스 게임

출처: 버버리 홈페이지

㉯ On-Tact

이 영역은 최근 신종 코로나바이러스가 확산되면서 가장 적극적으로 활용되고 있다고 볼 수 있다. 이 분야에서 활용되는 기술로는 최근 사람들의 이용이 급증한 줌(Zoom)과 같은 화상 플랫폼이라고 볼 수 있다.

- 아우디(Audi) 비대면 자동차 구매 상담 서비스: 본래 자동차를 구매할 때는 자동차 매장을 직접 찾아가서 구매하고자 하는 자동차에 시승해 보고, 살펴본 후 판매자와 직접적인 소통을 통해 정보를 얻고, 구매를 확정하는 것이 일반적이었다. 즉, 자동차를 구매하는 과정은 판매자와 고객 간의 면대면으로 진행되는 영역이었다. 하지만 신종 코로나바이러스의 확산에 따라 고객의 현장 방문이 어려워지자 아우디는 비대면 영상 상담 서비스를 통해 온라인 신청, 영상 상담에서 구매까지 비대면으로 진행할 수 있는 방안을 마련했다.

- 롯데백화점 VIP 고객들을 상대로 한 라이브(live) 스타일링 서비스: 신종 코로나바이러스 확산 이후인 2020년 7월부터 롯데백화점은 VIP 고객들을 대상으로 비공개 명품 스타일링 수업을 진행했다. 해당 라이브 방송에서는 명품 매거진(magazine) 편집장과 모델이 패션 트렌드에 맞춘 럭셔리 브랜드의 신상품을 소개하고 직접 착용하며 실시간으로 VIP 고객들과 소통하는 수업을 진행했다. 이 서비스는 신종 코로나바이러스 확산 이전부터 롯데백화점이 디지털 플랫폼 구축의 일환으로 기획하고 있던 서비스였으나 최근 전염병 확산으로 직접 방문 및 소

통이 제한되면서 더욱 효과를 보게 된 서비스라고 할 수 있다.

㉲ Untact 1.0

이 영역은 신종 코로나바이러스가 확산되기 이전부터 활성화되고 있던 영역으로 코로나 이전에는 매장 운영의 효율화나 고객의 편리함을 제고하기 위해 도입됐다고 볼 수 있다. 특히 럭셔리 산업에서는 럭셔리 제품의 파손 및 진품 여부 등 럭셔리 제품들이 갖는 배타성과 고유성을 침해할 수 있는 여러 가지 요인들로 배달 서비스가 활성화되지 않았다. 하지만 신종 코로나바이러스의 확산으로 대면 접촉을 최소화하면서도 고객 경험을 극대화할 수 있는 방안들이 생겨나고 있다.

• 인터콘티넨탈(Intercontinental) 호텔 서비스 로봇: 중국 상하이에 위치한 인터콘티넨탈 상하이 원더랜드(INTERCONTINENTAL SHANGHAI WONDERLAND)는 서비스 로봇 '샤오마오'(小茂)와 '샤오샹'(小象)을 도입해 호텔 내에서 고객들의 짐을 운반하는 것을 도우며 고객 접점에서의 호텔 서비스 품질을 극대화하며 고객들에게 과거와는 다른 새로운 경험을 선사하고 있다.

㉳ Face-to-Face

이 영역은 고객과 판매자가 면대면으로 만나는 것이 필수적으로 이루어지는 영역이다. 고객의 직접 경험이 중요시되는 럭셔리 산업에서는 고유의 배타성과 차별화된 고객 경험을 유지하기 위해 여전히 이 영역이 일정 부분

필수 불가결하게 존재한다고 볼 수 있다.

- 중국 징동닷컴 럭셔리 제품 배달 서비스: 중국의 전자상거래 업체인 징동닷컴은 비교적 활성화되어 있지 않던 럭셔리 전자 상거래 시장을 넓히기 위한 전략으로 럭셔리 제품 전용 배달 서비스를 기획했다. 고객이 온라인에서 럭셔리 제품을 구매하면 양복과 정장을 차려입은 배달원이 직접 고객의 집 앞으로 찾아가 제품을 면대면으로 전달한다. 징동닷컴은 "오프라인에서 고급 상품을 구매할 때의 그 특별한 경험을 느끼는 것처럼 온라인 구매도 마찬가지여야 한다"라고 말하며 온라인에서도 럭셔리 제품 고유의 고객 경험을 제공할 수 있도록 하고 있다.

4. 기대 효과 및 한계

본 장은 다음과 같은 시사점을 제공한다. 첫째, 언택트 시대에 대면화가 필수적이었던 분야의 비대면 서비스를 정리·분류한 프레임워크를 만들어 앞으로의 서비스 발전 방향을 제시했다. 예술과 스포츠의 다양한 언택트 서비스들은 전문가와 비전문가, See와 Do로 정의된 표로, 럭셔리의 언택트 서비스들은 strong, weak social presence와 tele, physical presence로 정리했다. 이렇게 정리함으로써 기업들은 자사의 서비스들을 표에 대입해 정확한 특징에 따라 가장 효과적인 서비스를 파악할 수 있으며, 표의 요소 중 부족한 부분 등을 확인할 수 있어 이를 토대로 앞으로의 서비스 개발 방향을 잡을 수 있게 된다. 이는 결국 효과적인 언택트 서비스의 더 많은 등장을 불러와 언택트 경제가 발전할 수 있도록 하는 역할을 할 것으로 예상한다.

둘째, 럭셔리 분야의 대중화 가능성을 제시함으로써 상류층을 주 고객층으로 삼았던 분야에 새로운 주류의 등장을 예고했다. 앞서 살펴본 바와 같이 지금까지 럭셔리 산업은 소수의 VIP 고객을 주 고객층으로 삼아 관련된 마케팅을 진행해 왔다. 물론 이러한 고객층을 타깃으로한 마케팅이 계속되고 있으나, 럭셔리 브랜드들의 '카카오톡 선물하기', 'SSG닷컴' 입점 등의 움직임은 일부의 상류층 고객만을 타깃으로 하지 않음을 의미한다.

이와 같은 주요 럭셔리 브랜드들의 움직임을 분석 및 정리했고, 현재의 신종 코로나바이러스 상황과 MZ 세대의 특징 등 언택트 경제와 관련한 여러 요소를 제시함으로써 앞으로 럭셔리 산업이 고려해야 할 고객층이 넓어졌음을 보여주었다. 이를 통해 럭셔리 산업의 새롭고 다양한 제품 및 서비스의 등장을 기대해볼 수 있다.

본 장에서 제시한 스포츠 · 예술 그리고 럭셔리 산업에서의 변화 및 관련 사례는 언택트 시대에 초점이 맞춰져 있으며, 제시된 도표와 해당 영역에 가장 적합하다고 여겨지는 사례를 간추려 언급했다. 따라서 본 장에서 제시된 사례가 산업 전반을 아우르는 데는 한계가 있다. 특히 예술과 럭셔리 산업의 경우 예술로 정의할 수 있는 범위가 다양하고 넓어 본 장에서 제시한 범위가 한정적일 수 있다.

모바일 사용량의 급증과 더불어 신종 코로나바이러스의 확산으로 접촉 및 면대면 소통에 대한 우려가 커짐에 따라 다양한 언택트 플랫폼들이 구축되고 있다. 따라서 스포츠 · 예술 그리고 럭셔리 산업은 전반적으로 과거와는 다른 변화가 이루어지고 있는 것은 사실이나, 이 세 가지 분야는 아직까지 현장에 직접 존재하고 직접 경험함으로써 얻을 수 있는 매력이 가장 커 Presence와 Existence가 가장 중요하게 작용하는 분야이기도 하다. 따라서 신종 코로나바이러스 감염증의 확산이라는 유례없는 상황에서 불가피하게 대체된 부분이 다수 존재하며 상황이 안정된 후에는 다시 면대면 혹은 직접 방문 등 일정 부분 기존의 방법으로 회귀할 가능성이 크다. 그러므로 온라인화가 고객의 경험을 극대화할 수 있는 방안으로 활용될 수는 있으나 이는 오프라인을 완전히 대체하는 데 한계가 있다고 볼 수 있다. 즉, 앞으로는 온라인 혹은 오프라인 중 하나를 선택하는 것이 아닌 융합된 형태로 발전할 가능성이 크다고 볼 수 있다.

* Acknowledgement: 연구보조원 구예준(이화여대 불어불문학과), 박보경(이화여대 정치외교학과), 여수현(이화여대 컴퓨터공학과)은 본 연구의 발전에 큰 도움을 주었습니다.

V

자동화와 일자리의 미래

: 한국의 경우

최강식(연세대학교 경제학부)
박경기(연세대학교 경제연구소)

1. 서론

ICT 기술의 급속한 변화로 인해 자동화(Automation)와 인공지능(Artificial Intelligence) 기술이 경제, 사회 전반에 걸쳐 큰 변화를 가져오면서, 동시에 노동 시장의 근로자 일자리와 임금에도 상당한 변화가 예상되고 있다. 이와 같은 변화로 인해 생산성이 급속히 증가해 향후 노동에 대한 수요가 감소하면서 고용에 대한 낙관적인 견해와 이로 인한 실업의 증가에 대한 비관적 견해가 동시에 존재하고 있다. 더구나 최근의 기술 진보는 단순히 고용의 양적 변화나 숙련 근로자, 미숙련 근로자 간에 상이한 충격을 줄 것이라는 전망을 넘어서서, 모든 종류의 직업에서 수행되는 여러 직무의 상대적 수요도 변화시킬 것으로 전망된다. 따라서 ICT 발전이 노동 시장 직무에 대한 수요를 어떻게 변화시켜 왔는지를 분석하고, 이를 토대로 한 ICT 분야의 정책 및 노동, 인력 양성 측면의 정책 대안이 필요한 상황이다.

최근 주요한 기술적 진보 중 하나는 자동화, 인공지능의 발전과 더불어 생산에 있어서 다양한 제품을 높은 생산성으로 제조할 수 있는 자동화된 유연 생산 시스템을 들 수 있다. 사실 아날로그 기술에서 디지털 기술로의 전환은 이미 1980년대에 시작되었고, 1990년대에는 인터넷을 통한 네트워크 혁명이, 2000년대에는 모바일 기기 시대로 진화되어 왔다. 특히 2000년대 들어서는 세 가지 분야에서 급속한 성장이 이루어졌다. 그중 첫 번째 분야는 IT와 소프트웨어 프로세서 기술이다. IT와 소프트웨어 프로세서 성능이 기하급수적으로 성장해 클라우드 기술과 모바일 애플리케이션이 용이해졌다. 또한 학습 알고리즘의 성능이 획기적으로 발전해 인공지능 시대를 열게 됐다. 두 번째 분야는 로봇 및 센서 기술이다. 여기에 적층 제조 방식의 새로운 제조기술과 센서기술을 통해 데이터 수집도 가능해졌다. 세 번째 분야는 네트워크 연결이다. 이를 통해 사이버 물리 시스템(센서가 설치된 소형컴퓨터가 사물, 장비 및 기계 부품에 장착되어 인터넷을 통해 상호 커뮤니케이션을 하는 것)을 기반으로 설비, 기계 및 개별 부품이 상호 간에 대량 정보를 교환해 생산, 재고 및 물류를 포괄적으로 제어할 수 있게 됐다. 더불어 빅데이터를 통해 새로운 비즈니스 모델과 고객 중심의 서비스를 제공할 수 있게 됐다(독일연방노동사회부, 2016).

급속한 기술의 진보는 노동 시장에서 임금과 고용에 많은 영향을 주었으며 앞으로도 기술이 노동 시장에 주는 영향은 지속될 것으로 보인다. 기술의 진보로 인한 고용 전망에 대해서는 현재 비관론과 낙관론이 동시에 존재한다. 비관론으로는 기술이 인간의 일자리를 빼앗을 것이라는 것이다. 반대로 낙관론은 지난 산업혁명과 같이 기술발전이 노동수요를 증가시켜 고용과 임금이 상승할 것이라는 전망이다. 또한 양적인 측면의 변화뿐만 아니라 노동의 질적인 측면의 변화 역시 중요한 변화로 떠오르고 있다. 질적인 측면의 변화 역시 2000년대 초반까지 노동 시장의 변화는 주로 숙련 수준 (skill)에 따른 노동수요의 변화가 노동 시장의 고용과 임금에 설명을 주를 이루었다. 즉, 숙련 편향적 기술 진보(skill-biased technological change)인가 아니면 그 반대인가가 중요한 이슈였으며, 그 당시의 노동 시장 고용 및 임금 변화는 숙련 편향적 기술 진보에 의해 대부분 설명이 됐다. 그러나 2000년대 들어서서 노동 시장에서는 저숙련, 중숙련, 고숙련으로 분류한 '직업 간의 양극화(job polarization)' 현상이 두드러지게 나타나고 있다. 하지만 전통적인 모형(canonical model)에서는 이 같은 현상을 설명하는 데에는 한계가 있다. 따라서 모든 생산에서 수행되는 업무(tasks)를 명시적으로 고려한 생산함수의 설정을 통해 직업의 양극화를 설명하고 있다.

여기에 더 나아가서 최근의 컴퓨터 수치제어, 산업로봇, 인공지능 등의 자동화 기술이 생산에서 '업무 수행 요소(tasks contents)'를 어떻게 변화시키는지를 살펴봄으로써, 향후 노동 시장에서 노동수요가 지속적으로 증가할 것인지 아닌지를 분석하고 있다. 이 모형을 이용하면 자동화로 인해 기존에 노동이 수행하던 업무를 자본이 대신하는 경우와 반대로 자동화로 인해 노동을 사용하는 새로운 업무가 등장해 노동수요를 증가시키는 경우로 요인 분해할 수 있다. 하지만 전통적인 생산함수 모형에서는 이를 반영할 수 없기 때문에 이를 반영하는 새로운 모형의 설정과 분석이 필요하다. 새로운 모형을 이용해 자동화에 따른 노동수요의 변화를 요인 분해한 결과는 향후 기술 정책과 인력 정책 등에 유용한 기초자료가 될 것으로 기대된다.

더구나 한국은 다른 나라의 경제보다 역동적이었기 때문에 기술 진보에 따른 노동수요의 변화가 심하였을 것으로 추측된다. 아울러 경제외적인 변화에 따른 인구 구조의 급격한 변동으로 고령화의 심화, 대학 정원 확대 및 대학 설립 자유화 등의 정책으로 급속한 고학력화가 이루어진 나라이다. 그러므로 노동 시장의 공급 변화 역시 역동적이었다고 할 수 있다. 따라서 한국 노동 시장에서 자동화에 따른 총노동수요의 변화를 분석하는 것은 그 자체로도 의미가 있지만, 역동적인 노동 공급 변화가 이루어진 경제에서 그 효과를 분석하는 것이어서 이것 역시 또 다른 의미를 지닌다고 하겠다.

본 장에서는 정보기술의 급속한 발전으로 인한 자동화가 노동 수요에 미친 영향을 요인분해하고, 한국의 자료를 이용해 실증 분석하고자 한다. 특히 노동수요의 변화를 직무모형(tasks model)을 이용해 자동화로 인해 발생한 '생산성 증대 효과', 산업의 '구성 효과', 자본과 노동의 '대체 효과', 새로운 업무에서 '전치 효과' 및 '복귀 효과' 등으로 분해해 실증 분석할 것이다. 아울러 이 같은 분석을 통해 향후 바람직한 정책의 방향을 제시하고자 한다.

2. 모형의 설정

2.1 전통적 모형

전통적인 콥 더글러스 생산함수(혹은 Constant Elasticity of Substitution, CES)에서 기술 진보가 일어나면 노동의 수요에 영향을 미치는 통로는 두 가지이다. 첫 번째는 새로운 기술이 체화된 자본이 노동의 자리를 대체하는 대체 효과(substitution effect)이다. 이는 노동수요를 줄이는 경로이다. 두 번째는 기술 진보가 규모효과(scale effect)를 통해 노동수요를 늘리는 경로이다. 기술 진보가 일어나면 생산 요소의 생산성이 증가하게 되고, 이는 동일한 생산량을 생산하는 데 지출되는 비용을 줄이게 된다. 따라서 기업은 남는 비용으로 생산량을 늘릴 수도 있고, 이를 다른 생산을 하는 데 사용할 수도 있게 된다. 이 과정에서 노동에 대한 수요가 추가적으로 발생하는 것이다. 그런데 노동수요에 부정적 영향을 미치는 대체 효과와 긍정적인 영향을 미치는 규모효과 중 어떤 것이 더 큰가는 사전적으로 판단하기 힘들다.

기존의 연구 결과들을 종합해 보면 먼저 공정단위에서 이 두 효과를 비교했을 때 대체 효과의 절대적 크기가 규모효과보다 더 큰 것으로 나타난다(최강식 · 조윤애, 2013). 그러나 이를 공정단위로 확대하면 둘 사이의 절대적 크기는 어떤 것이 더 큰지 불분명한 경우가 많다. 하지만 이를 산업 단위로 확대하거나, 국민 경제 전체로 확대해 상반된 두 가지의 효과를 비교한 대부분의 연구에서는 규모효과가 대체 효과보다 더 큰 것으로 나타나고 있다. 역사적으로 봐도 1차 산업혁명 이후 기계가 인간을 대신할 것이라는 우려 때문에 발생한 기계 파괴 운동(Luddite movement)이 있었지만, 실제로는 급격한 생산성 증가에도 불구하고 노동수요는 오히려 증가했다. 기술 진보로 인한 새로운 산업의 등장과 기존 산업의 몰락에서도 이 두 가지 상반된 효과는 존재했다. 대표적으로 미국에서 대륙횡단 철도가 건설되면서 그 이전까지의 주요 교통수단이었던 역마차 산업은 크게 쇠퇴했다. 역마차와 관련된 많은 직업이 사라지고 여기에 종사하던 사람들은 일자리를 잃게 됐다. 그러나 새로이 등장한 철도 산업으로 고용이 증가했고, 철도의 개통은 기차역 주변에 호텔을 포함한 여러 상권을 형성시켰고, 여기서 또 부수적인 고용 창출이 일어나 노동 시장 전체의 고용은 오히려 증가했다. 또 다른 예로는 금융업에서 현금자동인출기(ATM)의 등장을 들 수 있다. 은행에서 은행원을 통해 이루어지던 현금 인출 업무가 기계로 대체됐기 때문에 은행 지점마다 종전보다 더 적은 은행원만 있어도 기존의 업무를 충분히 소화할 수 있게 됐다. 따라서 각 은행의 지점에 종사하는 은행원의 평균 숫자는 줄어들게 됐다. 그러나 은행은 자동화로 절감된 비용을 이용해 금융업의 본질인 자산 포트폴리오 운영에 대한 서비스를 고객에게 제공하기 시작했고, 이러한 과정에서 은행이 고객과 대면할 기회를 넓히기 위해서 미국 전역의 은행 지점 숫자를 증가시켰다. 결과적으로 '현금 자동인출기'의 등장으로 은행 지점 당 고용된 은행원의 평균 숫자는 감소했지만, 은행 지점의 숫자가 증가해 은행업에 종사하는 은행원 숫자는 오히려 증가했다.

기술 진보에 대한 고용 효과 분석은 여기에서 끝나지 않는다. 특히 정보통신기술이 급격히 발전하던 1990년대부터 미국과 한국 등의 노동 시장에서는 학력 간 임금 격차가 지속적으로 확대됐다. 이 같은 현상은 노동을 동질적인 생산 요소, 혹은 학력 간에 완전 대체 가능한 효율 단위(efficiency units)로 간주하는 전통적인 생산함수로는 설명하기가 힘들다. 따라서 1990년대 이후부터는 노동의 질적인 측면(학력 간에 불완전한 대체성)을 고려하는 생산함수의 설정이 필요해졌다. 그리고 기술 진보의 성격이 숙련 근로자를 더 선호하는 '숙련 편향적 기술 진보(skill-biased technological change)'인지, 아니면 반대로 미숙련 근로자를 더 선호하는 '미숙련 편향적 기술 진보(unskill-biased technological change)'인지의 판단이 중요한 주제로 등장했다. 숙련 노동의(미숙련 노동 대비) 상대적 임금, 혹은 고용의 증가가 이루어졌는지를 검정하는 것이다.

미국과 한국의 실증적 경험을 살펴보면 양국 모두 1980년대 이후 고학력자(대졸자)의 노동 공급이 저학력자(고졸자)에 비해 상대적으로 확대되어 왔다(Katz & Autor, 1999; 최강식·조윤애, 2013). 따라서 고학력자의 상대적인 임금은 하락하였어야 한다. 그런데 만약 이 기간에 발전한 기술이 고학력자들을 상대적으로 더 선호해 고학력자의 노동수요를 노동 공급의 부정적인 임금효과보다 더 크게 증가시켰다면 이들의 임금은 오히려 증가할 것이다. 실제로 1980년대 이후 미국에서는 고학력자의 상대적 임금이 오히려 증가하는 현상이 관찰되고 있다. 한국의 경우는 1980년대 중반 이후 미국에 비해 고학력자의 상대적 공급이 훨씬 많이 이루어졌다. 미국의 경우는 20세기 초반부터 1975년까지 고학력화가 급속히 이루어지다가, 그 이후 고학력화의 추세는 상당히 둔화됐다 그렇다고 고학력자의 노동 공급이 감소한 것은 아니었다. 따라서 한국에서는 1980년대 중반 이후 고학력자의 상대적 임금은 일시 하락하지만, 1990년대 중반 이후 다시 증가하는 추세를 보이고 있다. 결론적으로 보면 미국과 한국 모두에서 기술 진보가 고학력자를 더 선호하는 '숙련 편향적'인 성격을 지녔음을 알 수 있다.

그러나 2000년대에 들어서면서 '숙련 편향적 기술 진보'만으로는 설명하기 힘든 노동 시장의 변화가 나타났다. 즉, 직업의 양극화(job polarization) 현상이 심해진 것이다. Autor(2015)는 미국의 직업을 10개로 분류하고, 이들을 평균임금을 기준으로 고임금 직종(관리직, 전문직, 준전문직), 중임금 직종(판매직, 사무직, 생산직, 장치 조작원), 저임금 직종(경비직, 음식 및 세탁업, 간병인 등 개인 서비스업)으로 구분해 지난 몇십 년간 이들 직종의 고용 증가율을 조사했다. 먼저 1980년대를 보면 고임금 직종의 고용은 모두 크게 증가했고, 저임금 직종의 고용 역시 크게 증가했다. 중임금 직종의 경우는 판매직의 고용은 크게 증가하였으나, 나머지 직종의 고용은 크게 증가하지 않았거나 소폭 감소했다. 1990년대에도 고용 증가율은 직종별로 조금씩 차이가 나지만 전체적으로 고임금과 저임금 직종의 고용은 크게 증가했고, 중임금 직종은 그러하지 못했다. 2000년대 들어서 이러한 현상한 더욱 두드러져다. 고임금, 저임금 직종의 고용은 소폭 상승했지만, 대부분 중임금 직종의 고용은 오히려 감소했다. 즉, 직업의 양극화(job polarization) 현상이 심해져서, '숙련 편향적 기술진보' 이론으로는 설명이 힘들어졌다. 이 같은 현상은 유럽의 노동 시장에서도 비슷하게 나타나고 있다. 이에 따라 기존의 이론을 대체할 새로운 접근이 필요해진 것이다.

새로운 기술진보의 특성을 규명하기 위해서는 모든 직업에서 행해지고 있는 업무의 특성을 규명해 이를 생산의 기본 단위(fundamental unit)로 분석해야 한다. 업무에 따른 변화를 고려하는 생산함수의 설정은 크게 두 가지 유형으로 발전하고 있다. 첫째는 업무의 종류를 구분해 이를 주로 수행하는 숙련 수준과 매칭 시키는 방법이다(Autor, 2015; Acemoglu & Autor, 2011). 예를 들어 업무를 추상적 업무(abstract tasks), 반복적 업무(routine tasks), 단순 업무(manual tasks)로 구분하고, 이를 주로 수행하는 근로자의 숙련 수준에 따라 각각 고숙련, 중숙련, 저숙련으로 구분할 수 있다. 즉, 전문직 등의 직종에 종사하는 고숙련 근로자의 경우 직업에서 주로 추상적 업무를 많이 수행하고, 사무직, 생산직 등의 중숙련 근로자는 반복적 업무를, 그리고 단순직 등의 저숙련 근로자는 단순 업무를 주로 수행한다고 보는 것이다.

최근 기술 진보의 성격은 추상적 업무와는 보완적 성격을 지닌다. 따라서 추상적 업무를 수행하는 전문직 등의 고숙련 직종의 고용은 증가한다. 반면에 최근의 기술 진보가 반복적 업무와는 보완적인 성격을 지니기 때문에 중위 숙련을 지닌 근로자들이 주로 수행하는 업종의 고용은 오히려 감소하는 것이다. 마지막으로 단순 업무와 최근의 기술 진보는 상당히 독립적이다. Autor(2015)에 따르면 컴퓨터나 인공지능의 발달로 반복적 업무의 효율성은 크게 올라가서 사람이 하는 것보다 컴퓨터가 하는 것이 훨씬 더 생산성이 높다. 그러나 반대로 사람이라면 심지어 어린아이들도 잘 할 수 있는 업무를 컴퓨터로 하는 것이 더 힘든 경우도 있다고 한다. 이 같은 현상을 폴라니의 역설(Polyani's paradox) 혹은 모라벡의 역설(Moravec's paradox)이라고 부른다. 그렇기 때문에 노동 시장에서 고숙련(고임금) 직종과 저숙련(저임금) 직종의 고용은 증가하는 반면 중숙련(중임금) 직종의 고용은 감소하는 직업의 양극화 현상이 발생한다는 것이다.

그러나 임금 분포는 고용의 분포와 달리 노동 공급의 탄력성과 생산물의 탄력성에도 영향을 받는다. 실제로 미국의 임금 분포를 소득 분위별로 보면 고소득자와 중위소득자의 임금 격차는 해가 갈수록 커지는 반면에 중위소득자와 저소득자 간의 격차는 별로 증가하지 않은 것으로 나타났다(Acemoglu & Autor, 2011; Autor, 2015). 고숙련 노동자의 경우 숙련을 형성하는 데 상당한 시간이 요구되기 때문에 이와 관련된 직종의 노동수요가 증가한다고 해서 즉각적으로 노동(숙련) 공급이 이루어지는 것이 아니다. 반면 단순한 업무를 수행하는 저숙련 직종은 누구나 쉽게 진입할 수 있다. 따라서 기술 진보가 가속화될수록 고숙련 직종의 임금은 크게 상승하고, 중숙련 임금은 크게 상승하지 못한다(Acemoglu & Autor, 2011). 바로 이것이 소득 상위 10%와 중위소득의 격차가 갈수록 커지는 이유이다. 반면에 저숙련 직종 고용은 상승해도 임금이 크게 상승하지 않기 때문에 이들과 중위소득과의 격차는 크게 증가 하지 않게 된다. 이처럼 업무의 특성을 고려한 모형은 기술 진보가 노동 시장의 숙련 간 고용과 임금 분포에 미치는 영향을 잘 설명하고 있다. 그런데 이 모형에서는 기술 진보로 인해 구체적으로 업무 수행의 요소가 어떻게 바뀌는지에 대해서는 고려되지 않고 있다.

업무를 고려하는 생산함수의 설정에서 두 번째 접근법은 숙련 수준에 따른 변화보다는 생산에서 업무 수행 요소(task contents of production)의 변화를 명시적으로 고려하는 것이다. 최근 컴퓨터 수치제어, 산업용 로봇, 인공지능 등의 자동화 기술이 고용의 감소를 가져올 것인지 아니면 종전과 같이 궁극적으로는 노동수요를 증가시켜 고용과 임금이 모두 증가할 것인지에 대한 관심이 다시 부각되고 있기 때문이다. 아래에서는 이 모형에 대해 자세히 살펴보고, 이 모형을 이용해 실증분석을 하기로 한다.

2.2 새로운 모형의 설정

2.2.1 업무 수행 요소 변화를 반영한 모형의 설정

이 모형은 숙련에 따른 구분이 아니라 모든 직업에서 행해지고 있는 업무의 특성을 규명해 이를 생산의 기본 단위로 분석하는 것이다. 즉, 생산을 위해서는 일련의 업무를 완수해야 하는데, 이러한 업무는 인간의 노동 혹은 자본(기계 혹은 소프트웨어)에 의해 수행된다. 결국, '어떤 업무를 어떤 생산 요소(노동 혹은 자본)에 배정하는가'가 생산의 업무(contents of production)를 결정한다. 따라서 업무는 노동수요의 중대한 원천이며, 개별 생산 요소는 이러한 업무를 수행함으로써 생산에 기여하는 것이다.

그런데 이 업무의 집합은 시간에 따라 고정되어 있는 것이 아니다. 기술의 진보나 외부 환경의 변화로 인해 새로운 업무가 도입되기도 하고, 기존의 업무를 수행하던 생산 요소가 바뀌기도 한다. 여기서 '자동화'라고 하는 것은 결국 '종전에 노동에 의해 수행되던 업무의 일부가 이제 자본에 의해 생산될 수 있게 되는 것'이다.

이러한 성격을 반영해 노동수요를 추정하는 것은 전통적인 고전적 모형(canonical model)에서 사용하는 생산함수 형태로는 불가능하다. 고전적 모형의 생산함수에서는 업무가 명시적으로 고려되지 않고 생산은 바로 생산 요소의 양에 의해 결정되기 때문이다.

즉, $Y=F(A^K K, A^L L)$라는 전통적 모형의 생산함수에는 생산의 효율성을 나타내는 기술적 모수(technical parameter)인 A^K와 A^L이 그리고 자본과 노동의 양을 나타내는 K와 L이 포함된 형태이다. 이 같은 모형의 설정(specification)에서는 업무가 명시적으로 포함되어 있지 않기 때문에 기술 진보는 단순히 요소 확장적(factor augmenting) 형태로만 생산함수에 영향을 미친다.

이와 같은 고전적인 모형 대신에 업무를 명시적으로 고려하는 고정적인 대체탄력성(CES)을 지닌 생산함수를 고려해 보자. 이러한 모형은 고전적 모형이 가지고 있지 못한 몇 가지의 특성을 지녀야 한다. 첫째, 로봇의 진보는 자본이나 노동을 더 생산적으로 만들지 않고도 단지 자본으로 생산 가능한 업무의 집합을 확장시킬 수 있어야 한다. 고전적인 모형은 이 부분이 결여되어 있다. 둘째, 고전적 모형에서는 자본 확장적 기술 진보(즉, A^K의 증가) 혹은 노동 확장적 기술 진보(즉, A^L의 증가)는 모든 업무에서 그 요소가 일률적으로 더 생산성이 높아진다는 것을 의미한다. 그러나 이는 생산에 있어 '업무의 구성'이 바뀔 수 있다는 중요한 가능성을 무시하고 있다. 이에 대한 고려가 필요할 것이다. 그렇게 된다면 '요소 확장적인 기술 진보'와 생산에 있어 '업무의 내용을 바꾸는 기술 진보'는 양적으로나 질적으로 다른 의미를 가지게 될 것이다.

아래에서는 Acemoglu와 Restrepo(2019a)에 기반해 위에서 언급한 특성을 반영한 생산함수를 다음과 같이 정의하고자 한다(식 (1) 참조). 우선 업무는 z로 표시가 되고, 이것은 $(N-1)$과 N 사이에 존재한다〈그림 1〉. 그리고 '$z>I$'인 업무는 자동화되지 않고 오직 노동으로만 생산을 한다(여기서 W는 임금률). 반면에 '$z<I$'인 업무는 자동화가 가능하고 오직 자본으로만 생산을 한다(여기서 R은 자본 임대율).

〈그림 1〉 업무 생산에 자본과 노동의 배분 및 '자동화'와 '새로운 업무의 창출'

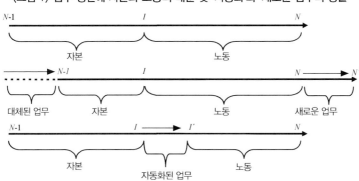

출처: Acemoglu&Restrepo, 2019a

따라서 I가 증가하면 자동화 기술이 도입되는 것이고, N이 증가하면 새로운 업무가 도입되는데 이것은 노동집약적인 업무이다. 그리고 기업은 자동화가 가능한 모든 업무, 즉 $z<I$ 를 만족하는 모든 업무에서는 자본을 사용하는 것이 비용을 최소화하는 것이라고 가정하고 동시에 기업은 즉각적으로 모든 새로운 업무를 채택한다고 가정한다.

$$Y = \Pi(I,N)(\Gamma(I,N)^{\frac{1}{\sigma}}(A^L L)^{\frac{\sigma-1}{\sigma}} + (1 - \Gamma(I,N))^{\frac{1}{\sigma}}(A^K K)^{\frac{\sigma-1}{\sigma}})^{\frac{\sigma}{\sigma-1}} \qquad (1)$$

여기서도 고전적인 canonical model과 마찬가지로 요소 확장적 요소인 A^L과 A^K가 모두 존재한다. A^L은 노동 확장적 기술 진보를 나타내고, A^K는 자본 확장적 기술 진보를 나타내는데 모든 업무에서 이들의 생산성을 증가시킨다. 그리고 σ는 업무 간의 대체탄력성을 나타내면서 동시에 자본과 노동 간의 대체탄력성을 보여 주기도 한다. 또한 $\Pi(I,N)$은 총요소생산성(total factor productivity)을 나타낸다.

식 (1)이 고전적인 모형과 근본적으로 다른 점은 CES 함수에서 요소들의 몫을 나타내는 모수들이 '자동화'와 '새로운 업무(new tasks)'에 따라서 변화한다는 점이다. 식 (1)에서 $\Gamma(I,N)$은 생산에 있어 노동 업무의 비중을 나타낸다(만약 $\sigma=1$인 특수한 경우에는 $\Gamma(I,N)=N-1$이 된다). 즉, 자본에 비해 노동에 의해 수행되는 업무의 비중이다. 이것이 증가하면 생산에서 업무의 내용이 노동에 유리해짐을 뜻한다. 반면에 $1-\Gamma(I,N)$은 생산에 있어 자본 업무의 비중을 나타낸다. 즉, 노동에 비해 자본에 의해 수행되는 과업들의 비중이다. 그런데 만약 N이 증가하거나, 혹은 I가 감소하게 되면 $\Gamma(I,N)$가 증가하게 된다.

한편, 노동의 분배 몫은 다음의 식 (2)와 같이 도출될 수 있다.

$$s^L = \frac{1}{1 + \dfrac{1 - \Gamma(I,N)}{\Gamma(I,N)}\left(\dfrac{R/A^K}{W/A^L}\right)^{1-\sigma}} \tag{2}$$

여기서 대체 효과는 W/A^L과 의 R/A^K비율이 변화하면 발생한다. 이 효과는 또 대체탄력성 σ의 값에 달려 있다. 즉, 업무가 상호 보완적 $\sigma<1$인 경우에는 유효 임금이 상승하면 노동에 의해 생산되는 업무의 비용 비중이 상승한다. 반대로 업무가 상호 대체적 $\sigma>1$이면 유효 임금 상승 시에 노동에 의해 생산되는 업무의 비용 비중이 감소한다. 하지만 콥-더글라스(Cobb-Douglas) 생산함수 $\sigma=1$이면 부가가치에서 차지하는 각 업무의 비중은 고정되고, 따라서 대체 효과는 0이 된다. 그리고 $\Gamma(I,N)$ 역시 노동 분배 몫에 영향을 미친다. 즉, 자동화가 진전(즉, I의 증가)되면 노동 분배 몫이 감소하고, 새로운 업무가 더 많아지면(즉, N이 증가) 노동의 분배 몫은 커지게 된다.

2.2.2 기술 진보와 노동수요

아래 내용에서는 기술 진보가 노동수요에 미치는 영향을 살펴보고자 한다. 먼저 근로자에게 지급하는 보수총액은 부가가치 총액에서 노동이 차지하는 비중을 곱한 것으로 나타낼 수 있다. 즉, 아래와 같은 식으로 표현할 수 있다.

보수총액($W \cdot L$)=부가가치 총액×노동 소득 분배 몫 (3)

여기서 우리는 자동화와 새로운 업무, 그리고 요소 확장적 기술(factor-augmenting technologies) 진보가 노동수요에 미치는 영향을 각각 살펴보겠다. 우선 '자동화가 노동수요에 미치는 효과'는 다음과 같다.

자동화가 노동수요에 미치는 효과
=생산성 효과(productivity effect)+전치 효과(displacement effect)　　　(4)

먼저 생산성 효과는 자동화로 인해 부가가치가 상승하게 되고, 이에 따라 자동화되지 않은 업무에서도 노동수요가 증가하기 때문에 발생한다. 자동화에 따른 생산성 증가는 자본과 노동이 각각 수행하고 있는 업무에서 더 생산적이 되는 것이 아니라, 기업이 종전에는 노동에 의해 수행되던 업무에서 값싼 자본을 사용하기 때문이다. 따라서 자동화의 생산성 증가 효과는 그러한 대체에서 얻어지는 비용-절감과 비례하는 것이다. 반면 전치 효과는 기존에 노동으로 이루어지던 업무에서 노동수요가 감소하는 효과이다. 물론 생산성 효과가 전치 효과보다 크다는 보장은 없다. Acemoglu와 Restrepo(2019a)는 고용과 임금을 위협하는 기술은 '탁월한'(brilliant) 자동화가 아니라 소폭의 생산성 증가에 그치는 '그저 그런'(so-so) 기술들이기 때문에 전치 효과를 상쇄할 만한 생산성 증가 효과가 존재하지 않는다고 보았다. 예를 들어 자동고객서비스(automated customer services)는 생산성 증가가 크지 않지만 노동을 자동화로 대체하는 역할을 했다는 것이다.

그리고 기술의 종류가 다르면 생산성 효과도 다르다. 즉, 임금이 높고 노동이 희귀할수록 자동화로 인한 강한 생산성 효과는 강하지만, 반면에 임금이 낮고 노동이 풍부하면 생산성 이득은 크지 않아서 노동수요는 오히려 감소한다. 한편, '새로운 업무가 노동수요에 미치는 효과'는 다음과 같다.

새로운 업무(new tasks)가 노동수요에 미치는 효과
=생산성 효과(productivity effect)+복귀 효과(reinstatement effect) (5)

여기서 복귀 효과는 생산 업무 내용의 변화를 포착하는 것으로 N이 증가하면 새로운 업무에 노동을 복귀시키는 노동 편향적인 효과를 나타낸다. 그리고 새로운 업무에 노동의 비교우위를 활용하기 때문에 생산성도 증가한다. 따라서 새로운 업무가 노동수요에 미치는 효과는 항상 노동수요를 증가시키는 쪽으로 나타난다. 마지막으로 '요소 확장적 기술이 노동수요에 미치는 영향'을 살펴보겠다.

요소 확장적 기술(factor-augmenting technologies)이 노동수요에 미치는 영향
=생산성 효과(productivity effect)+대체 효과(substitution effect) (6)

여기서 생산성 효과는 노동(혹은 자본)의 몫에 비례적으로 효과가 나타난다. 그리고 대체 효과는 노동의 몫은 변화시키나, 업무 내용은 변화시키지 않는다. 대체 효과의 크기를 결정하는 σ의 크기는 실증적으로 볼 때 1보다 작거나 1에 근접하는 값이어서 요소 확장적 기술에 의해 발생하는 생산성 효과보다 대체 효과는 상대적으로 작다.

2.2.3 기술 진보와 총노동수요: 요인 분해

이제 업무 모형과 생산에 이러한 효과들을 다부문(multiple industries) 모형에 적용하는 경우를 살펴보겠다. 다부문 모형에서는 앞의 식 (3)은 이제 식 (7) 로 확장된다.

$$\text{보수총액}(W \cdot L) = \text{GDP} \times \Sigma\, i \text{ 부문의 노동 비중} \times i \text{ 부문의 부가가치 비중} \qquad (7)$$

한 산업이 아니고 여러 산업으로 모형을 확장하게 되면 소위 구성 효과 (composition effect)가 추가된다. 즉, 부문 간의 재배치가 발생하는데 이를 반영 하는 것이다. 따라서 식 (4), (5)도 이를 반영해 식 (8), (9)로 확장할 수 있다.

i 부문에서의 자동화가 총노동수요에 미치는 효과
=생산성 효과(productivity effect)+전치 효과(displacement effect)
 +구성 효과(composition effect)   (8)

i 부문에서의 새로운 업무가 총노동수요에 미치는 효과
=생산성 효과(productivity effect)+복귀 효과(reinstatement effect)
 +구성 효과(composition effect)   (9)

이제 노동수요의 증가를 가져오는 원천들을 모두 모으면 아래 식(10)과 같다.

보수총액=생산성 효과(productivity effect)+구성 효과(composition effect)

　　　+대체 효과(substitution effect)

　　　+업무 수행 요소 변화(change in task content)　　　　　　(10)

생산성 효과는 1인당 GDP의 대수치 변화를 나타내고, 구성 효과는 각 산업의 노동 비중을 가중치로 한 부가가치 비중 변화의 합이다. 대체 효과는 모든 산업에서의 산업별 고용 비중을 가중치로 한 대체 효과의 합인데, 이 값은 산업별 요소가격 변화와 대체탄력성 σ에 의존한다. 마지막으로 업무 수행 요소 변화는 모든 산업의 생산에서 산업별 고용 비중을 가중치로 한 업무 구성 변화의 합을 나타낸다. 산업 단위에서 업무 수행 요소의 변화는 대체 효과로 설명할 수 없는 잔차항의 크기로 나타낼 수 있다. 즉, 아래 식과 같다.

　　　i 산업에서의 업무 수행 요소 변화

　　　=i 산업에서의 노동 비중의 퍼센트 변화−i 산업에서의 대체 효과

그리고 이것은 동시에 전치 효과(displacement effect)+복귀 효과(reinstatement effects)이기도 하다. 전치 효과는 업무 수행 요소 변화의 5년 이동평균으로 측정하였는데 이 효과는 노동수요에 (−)의 효과이다. 반면에 복귀 효과는 업무 수행 요소 변화의 5년 이동평균으로 측정했지만, 이 효과는 노동수요에 (+)의 효과이다. 〈표 1〉에는 기술 진보가 총노동수요에 미치는 효과의 요인 분해를 〈표 2〉에는 기술 진보가 총노동수요에 미치는 효과의 요인별 관계를

나타냈다.

한편, Acemoglu와 Restrepo(2019a)에 따르면 미국의 경우는 지난 30년간 노동수요의 증가가 둔화했다고 한다. 그 첫 번째 원인은 미미한 생산성 효과 때문이라고 한다. 두 번째는 '새로운 업무의 창출로 인한 노동수요 증가'를 능가하는 급속한 '자동화'로 인해 업무 수행 요소 변화가 노동수요에 부정적인 영향을 미쳤기 때문이라고 한다. 아래에서는 한국의 노동 시장을 실증 분석하겠다.

〈표 1〉 기술 진보가 총노동수요에 미치는 효과: 요인 분해

Panel A: '단일산업'에서의 기술 진보와 '노동수요'

'자동화'의 '노동수요' 효과	'새로운 업무'의 '노동수요' 효과	'요소 확장적 기술'의 '노동수요' 효과
= 생산성 효과 + 전치 효과 (업무 수행 요소 변화)	= 생산성 효과 + 복귀 효과 (업무 수행 요소 변화)	= 생산성 효과 + 대체 효과 (단, 업무 수행 요소 변화는 없음)

Panel B: '다부문 산업'에서의 기술 진보와 '총노동수요'

i 산업 '자동화'의 '총노동수요' 효과	i 산업 '새로운 업무'의 '총노동수요' 효과	'요소 확장적 기술'의 '총노동수요' 효과
= 생산성 효과 + 전치 효과 (업무 수행 요소 변화)+구성 효과	= 생산성 효과 + 복귀 효과 (업무 수행 요소 변화) + 구성 효과	= 생산성 효과 + 대체 효과 + 구성 효과(크지 않음) (단, 업무 수행 요소 변화는 없음)

i 산업의 업무 수행 요소 변화

= i 산업의 노동분배율 변화 − 대체 효과

= 전치 효과 + 복귀 효과

총노동수요의 변화

= 생산성 효과 + 구성 효과 + 대체 효과 + 업무 수행 요소 변화(전치 효과 + 복귀 효과)

출처: Acemoglu and Restrepo(2019a)에 기반해 연구진이 재작성

<표 2> 기술 진보가 총노동수요에 미치는 효과: 요인별 관계

| | ① 생산성 효과 | ② 구성 효과 | ③ 대체 효과 | ④ 업무 수행 요소의 변화 | | | ⑦ i 산업의 노동분배율 변화 |
				⑤ + ⑥	⑤ 전치 효과	⑥ 복귀 효과	
i 산업 '자동화'의 총노동수요 효과	+	+			+		
i 산업 '새로운 업무'의 총노동수요 효과	+	+				+	
'요소 확장적 기술'의 '총노동수요' 효과	+	+	+				
i 산업 '업무 수행 요소 변화'				−	+	+	+
'총노동수요' 변화	+	+	+	+			

출처: Acemoglu and Restrepo(2019a)에 기반해 연구진이 재작성

3. 사용 자료

3.1 생산 요소 투입

본 연구에서 필요한 생산 요소 투입 지표는 World KLEMS의 한국 데

이터를 사용했다. KLEMS는 각각 자본(K: Capital), 노동(L: Labor), 에너지(E: Energy), 원재료(M: Materials) 및 서비스(S: Service)이며, 경제 발전에 필요한 측정 가능한 생산 요소를 의미한다. 이 데이터는 한국생산성본부에서 2014년 발표한 한국산업생산성(Korea Industrial Productivity) 데이터베이스를 기반으로 다른 국가들의 데이터와의 호환성을 높이기 위해 EU KLEMS의 구성과 같은 방법으로 설계했다. 다만 본 연구에서는 노동과 자본만이 유일한 생산 요소라고 가정한다. World KLEMS의 한국 데이터는 한국 경제의 전체 산업을 31개의 제조업, 29개의 서비스업, 그 외 12개 산업 총 72개로 분류하며 1970년도부터 2012년까지 산업별 생산 요소의 투입량을 알 수 있다. 2012년 이후의 자료는 2015년에 한국은행에서 발표하는 총부가가치와 GDP를 계산하는 방법이 개편됨에 따라 2015년 전후로 한국생산성본부에서 발표된 자료를 단순 시계열로 연결해 분석하는 경우 제대로 된 효과를 분석하기 어렵다고 판단해 1970년부터 2012년까지의 자료만 가지고 분석하고자 한다.

본 연구에서는 연구진이 72개의 산업을 EU KLEMS 분류와 제8차 표준산업분류를 비교해 6개의 산업부문으로 분류했다. 6개의 산업은 각각 '농림어업', '광업', '제조업', '전기, 가스 및 수도사업', '건설업', '서비스업'이다. World KLEMS 데이터의 생산물 변수와 노동을 제외한 생산 투입 요소 변수는 한국은행의 국민계정 데이터를 바탕으로 만들어졌으며 노동 변수는 경제활동인구조사와 고용형태별 근로실태조사를 바탕으로 만들어졌다.

본 연구에서는 Acemoglu와 Restrepo(2019a)에서와 같이 총부가가치(Gross Value Added, GVA)가 국내총생산(Gross Domestic Product, GDP)과 같다고 가정한다. 그리고 연구진은 산업별 명목 부가가치와 실질 부가가치를 이용해 GDP 디플레이터를 계산해 모든 변수를 실질 변수로 변환했다. 기준 연도는 2000년이다.

한편, World KLEMS 데이터는 노동과 자본의 가격을 나타내는 변수를 제공하지 않기 때문에 Acemoglu와 Restrepo(2019a)에서와 같은 방법으로 노동과 자본의 가격을 계산했다. 연구진은 다음의 식을 이용해 임금, $W_{i,t}$를 계산했다.

$$\Delta \ln W_{i,t} = \Delta \ln Y_{i,t}^{L} - \Delta \ln L_{i,t}^{qty}$$

$Y_{i,t}^{L}$는 t년에 i산업의 실질 노동 소득을 의미하고 $L_{i,t}^{qty}$는 t년에 i산업의 종사자 수를 의미한다. 위와 같은 방법으로 자본의 가격, $R_{i,t}$도 구할 수 있다.

$$\Delta \ln R_{i,t} = \Delta \ln Y_{i,t}^{K} - \Delta \ln K_{i,t}^{qty}$$

$Y_{i,t}^{K}$는 t년에 i산업의 실질자본소득을 의미하고 $K_{i,t}^{qty}$는 t년에 i산업의 실질 순자본스톡을 의미한다. 자본스톡의 개념은 총자본스톡과 순자본스톡 두 가지로 나눌 수 있는데 본 연구에서는 순자본스톡을 사용했다. 총자본스톡은 자본의 효율성과 감가상각 등을 고려하지 않은 반면 순자본스톡은 자본의 효율성 및 감가상각의 개념을 반영해 자본의 생산능력과 시장가치를 반영한다. 따라서 순자본스톡이 경제의 부의 수준과 생산능력을 더욱 정확하게 나타내는 지표라고 할 수 있다.

3.2 총요소 생산성

본 연구에서 필요한 총요소 생산성 변수는 세인트루이스 연방준비은행에서 관리하는 경제통계자료(Federal Reserve Economic Data, FRED)에서 구했다. 총요소 생산성은 다요소 생산성(multifactor productivity)이라고도 불리며, 주어진 노동과 자본을 얼마나 효율적으로 쓰고 있는지를 측정하는 지표이다. 본 연구는 특히 총요소 생산성이 경제 전체의 노동 소득(observed wage bill)을 생산성 효과(productivity effect), 구성 효과(composition effect), 대체 효과와 업무 수행 요소 변화(changes in the task content of production)로 나누어 분석하는 데 필요한 변수이다. 다만 FRED가 제공하는 한국의 총요소 생산성 자료는 한국 경제 전체의 총요소 생산성만을 제공한다. 따라서 본 연구에서는 각 산업의 총요소 생산성이 모두 같다고 가정한다.

3.3 노동과 자본의 대체탄력성

본 연구에서 대체 효과를 추정하기 위해서는 자본과 노동의 대체탄력성을 추정해야 한다. 연구진은 정대희(2015)의 연구를 바탕으로 한국 경제의 자본과 노동의 대체탄력성이 0.8이라고 가정했다. 정대희(2015)에서는 일정한 대체탄력성을 가지는 생산함수(constant elasticity of substitution production function)를 가정하고 노동과 자본의 대체탄력성을 추정했다. 그 결과, 추정 식과 변수에 따라서 약간의 차이는 있지만 한국의 대체탄력성은 0.6에서 1.0 사이이며, 이는 통계적으로 유의미한 결과를 보여주었다. 따라서 본 연구에서의 노동과 자본의 대체탄력성은 0.6에서 1.0 사이의 중간값인 0.8로 가정한다.

4. 한국의 노동 시장 실증분석

4.1 기술 진보의 총노동수요 변화 효과: 전체 산업

우리나라는 급속한 산업화와 기술발전에 따라 경제 전체의 산업구조가 매우 빠르게 변화했다. 본 연구에서는 한국의 노동수요를 분석하기 이전에 우리나라의 산업구조가 어떻게 변화하였는지를 〈그림 2〉를 통해 보여주고자 한다. 〈그림 2〉는 1970년부터 우리나라 전체 GDP에서 각 산업이 차지하는 비중이 얼마인지, 전체 고용에서 산업별 고용 비중은 어떻게 변화해왔는지, 마지막으로 각 산업 내 노동분배율의 변화는 어떠한지를 나타내고 있다. Park(2020)의 결과를 참고해 가장 최근까지의 산업구조 변화의 추세를 한국은행 ≪국민계정≫ 자료와 통계청 ≪경제활동인구조사≫ 자료를 활용해 보여주었다.

〈그림 2〉의 Panel A는 우리나라 총 GDP에서 각 산업이 차지하는 비중의 변화이다. 우리나라 GDP에서 제조업과 서비스업이 차지하는 비중은 1970년에 각각 9%와 57%였다. 이 수치는 지속적으로 증가해 2019년 기준 제조업이 약 29%, 서비스업이 약 61%이며 전체 GDP의 90%가 이 두 산업으로 구성되어 있다. 반면 1970년 우리나라 전체 GDP의 18%가량을 차지했던 농림어업은 2019년 전체 GDP의 2%로 감소하였으며, 2019년 기준 건설업이 약 5%,

전기, 가스 및 수도사업이 2%, 광업이 1% 미만의 GDP를 차지하고 있다.

〈그림 2〉의 Panel B는 우리나라 노동 시장의 전체 고용에서 각 산업이 차지하는 비중을 보여준다. 서비스업의 경우 전체 고용에서 차지하는 비중은 1970년 31%에서 지속적으로 상승해 2019년 기준 전체 고용의 약 70%를 차지하고 있다. 반면 제조업의 경우는 1970년 전체 고용의 약 13%의 비중에서 1989년 약 28%까지 상승한 이후 계속 감소 추세를 보였으며, 2019년에는 전체 고용에서 차지하는 비중이 약 16%까지 감소했다. 흥미로운 점은 1990년대 이후 제조업과 서비스업에서의 고용 비중이 반대로 움직이면서 서비스업의 고용 비중은 증가하고 제조업의 고용 비중은 줄어들고 있다.

〈그림 2〉의 Panel C는 우리나라 경제 전체와 산업별 노동분배율의 변화를 보여준다. 우리나라 경제 전체의 노동분배율 추세를 보면 1970년 약 40%에서 조금씩 증가해 1990년대 이후에는 60% 내외를 유지하고 있으며, 2018년 기준 64%를 기록하고 있다. 그리고 우리나라 GDP의 60% 이상을 차지하고 있는 서비스업의 경우에는 노동분배율이 1970년 55%를 기록했고, 이후 점차 증가해 2018년에는 67%를 기록하고 있다. 제조업의 경우에는 1970년 약 45%에서 1996년 67%까지 증가했으나, 이후 하락하면서 2012년 기준 53%를 기록했다. 그 이외에 광업에서의 노동분배율은 1990년대 들어 급격하게 감소하였으며, 건설업은 2012년 기준 노동분배율이 80%에 가까운 높은 수치를 보였다. 농림어업의 노동분배율은 15% 내외 수준으로 6개 산업 중에서 가장 낮았다. 전기, 가스 및 수도사업의 경우 2008년 산업의 영업이익이 적자를 기록해 노동분배율이 138%를 기록하였으며, 다른 산업에 비해 노동분배율의 변동 폭이 큰 것으로 나타났다.

<h2 style="text-align:center">〈그림 2〉 한국 산업 구조의 변화</h2>

Panel A

산업별 전체 GDP의 비중, 1970-2019

Panel B

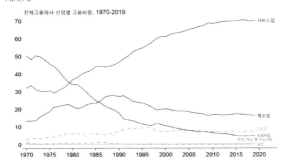

전체고용에서 산업별 고용비중, 1970-2019

Panel C

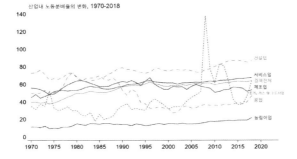

산업내 노동분배율의 변화, 1970-2018

출처: 한국은행 ≪국민계정≫ (Panel A, C); 통계청 ≪경제활동인구조사≫ (Panel B)
Panel B: 제 10차 한국표준산업분류 개정으로 2018년과 2019년의 전기, 가스
및 수도사업은 '전기, 가스, 증기 및 공기조절 공급업'과 '수도, 하수
및 폐기물 처리, 원료 재생업'을 포함한다.
Panel C: 노동분배율=피용자보수/(피용자보수+영업이익)×100

이하에서는 위에서 논의한 모형과 총노동수요의 변화를 요인 분해한 결과를 이용해 기술 진보가 총노동수요에 미친 효과를 한국의 자료를 이용해 실증 분석했다. 앞서 서술한 대로 자료의 제약으로 인해 본 연구에서는 부득이 1970년부터 2012년까지의 기간을 분석할 수밖에 없었다. 전체 기간을 다시 제1기(1970~1991년)와 제2기(1991~2012년)로 각각 21년씩으로 나누고, 고정적인 대체탄력성을 지닌 생산함수를 가정해 한국 경제 전체의 보수총액($W \cdot L$)을 각 효과별로 분해했다. 보수총액은 평균 임금과 총 고용량을 합친 정보를 알려주는 변수로 총노동수요를 알려주는 중요한 지표가 된다.

제1기의 분석 결과는 〈그림 3〉에, 제2기의 분석 결과는 〈그림 4〉에 나타나 있다. 먼저 〈그림 3〉의 Panel A를 보면 1970년부터 1991년까지 기간인 제1기에는 우리나라 총노동수요가 총 139% 증가해, 연평균 4.25% 증가율을 보였다. 이어서 총노동수요의 증가분을 앞서 살펴본 〈표 1〉과 〈표 2〉에 나타난 효과들로 요인 분해를 했다. 같은 기간에 생산성 효과는 127%가 증가해 총노동수요 증가분의 91.3%(=127%/139%*100)가 생산성이 증가하였기 때문인 것으로 나타났다. 반면 구성 효과와 대체 효과는 139% 중에 각각 5%를 차지해 이들 효과가 총노동수요 변화에 기여한 정도는 미미했다.

그리고 본 연구에서 가장 중요한 효과인 '업무 수행 요소의 변화'는 총노동수요의 변화율 139% 중에 −0.3%를 차지해 노동수요의 변화에 큰 영향을 미치지 못하는 것처럼 보인다. 하지만 앞서 논의했던 바와 같이 업무 수행 요소의 변화는 복귀 효과(reinstatement effect)와 전치 효과(displacement effect)로 다시 나눌 수 있다. 이를 나누어 분석한 결과는 〈그림 3〉의 Panel B에 나타나 있다. 이를 보면 제1기의 업무 수행 요소의 변화는 0에 가까워 총노동

〈그림 3〉 한국 경제에서의 노동수요의 변화 1970-1991년

Panel A

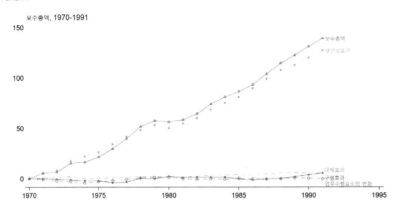

보수총액, 1970-1991

Panel B

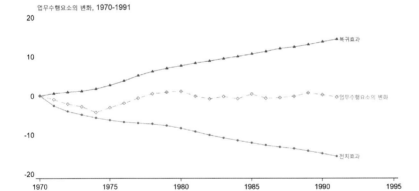

업무수행요소의 변화, 1970-1991

수요에 영향을 미치지 못하는 것처럼 보이지만 이러한 결과가 발생한 원인은 같은 기간에 비슷한 크기의 전치 효과와 복귀 효과가 서로 상쇄됐기 때문이다. 제1기의 21년 동안 누적 전치 효과는 −15%로 총노동수요의 증가율 139% 중 10.8%(=15%/139%*100)를 설명하는 중요한 효과이다. 이 전치 효과는 기술 진보로 인해 노동이 비교우위가 있는 소위 '새로운 업무'의 발생을 나타내는 복귀 효과와 상쇄되어 결국 업무 수행 요소의 변화가 노동수요에 미치는 영향이 0에 가깝지만 이를 세부 분석해보면 전치 효과와 복귀 효과의 중요성이 드러난다.

〈그림 4〉는 제2기의 분석 결과를 보여준다. 1991년부터 2012년까지 기간인 제2기에는 우리나라 총노동수요가 약 70% 증가해, 연평균 2.6%의 증가율을 보였다. 이 기간의 노동수요 변화를 요인별로 나누어 살펴보면, 전체 70%의 노동수요 증가율은 생산성 효과 83% 증가, 구성 효과 8% 감소, 대체 효과는 2% 감소, 업무 수행 요소의 변화 약 7% 감소 등으로 이루어져 있다. 제1기와 마찬가지로 노동수요의 변화에 가장 큰 영향을 미친 요인은 생산성의 증가이다. 하지만 생산성 증가율이 둔화되고 대체 효과, 구성 효과, 업무 수행 요소의 변화가 노동수요를 감소시키는 방향으로 움직이면서 노동수요의 증가율 또한 제1기에 비해서 둔화한 것으로 나타났다 (〈그림 4〉의 Panel A 참조).

〈그림 4〉의 Panel B는 제2기의 '업무 수행 요소의 변화'를 더 자세히 보여주는데, 이 기간에 자동화로 인해 자본이 노동이 수행하던 업무를 대체하는 전치 효과(21%)가, 노동이 비교우위가 있는 새로운 업무가 생겨나는 복귀 효과(14%)를 압도해 총노동수요를 감소시키는 방향으로 움직였다.

〈그림 4〉 한국 경제에서의 노동수요의 변화 1991-2012년

Panel A

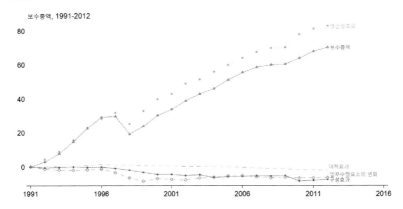

보수총액, 1991-2012

Panel B

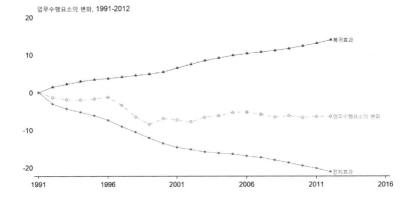

업무수행요소의 변화, 1991-2012

노동수요에 미치는 효과 중에 주목해야 할 또 한 가지의 효과는 구성 효과이다. 구성 효과는 노동분배율이 다른 산업 간에 경제활동의 재분배로 인해 발생한 노동수요의 변화를 나타낸다. 〈그림 3〉과 〈그림 4〉에 따르면 우리나라 경제 전체에서 제1기에는 전체 노동수요 변화량 139% 중에 구성 효과가 5%를 차지하지만 제2기에는 70% 중 −8%를 차지한다. 수학적으로 구성 효과는 다음 식과 같이 표현할 수 있다.

$$\sum \frac{S_i^L}{S^L} d\chi_i$$

S_i^L는 i 산업의 노동분배율, S^L는 경제 전체의 노동분배율, $d\chi_i$는 산업 i가 전체 GDP에서 차지하는 비중의 변화를 나타낸다. 〈표 3〉는 1기와 2기의 산업별로 GDP에서 차지하고 있는 비중의 변화와 노동분배율의 변화를 보여준다. 1기에는 전기, 가스 및 수도사업을 제외하고 나머지 5개 산업의 GDP에서의 비중과 노동분배율이 같은 방향으로 움직이는 것을 알 수 있다. 이는 산업의 구성이 변하면서 노동분배율이 높은 산업으로 경제적 활동이 재분배되어 노동수요를 증가시킨 것이다. 특히 1기에는 GDP에서 가장 큰 비중을 차지하는 서비스업과 제조업으로 GDP가 집중되었고 이 두 산업에서의 노동분배율 또한 증가하면서 구성 효과를 양의 방향으로 움직였다. 반면 2기에서는 광업을 제외하고는 나머지 산업의 GDP에서의 비중과 노동분배율이 반대로 움직이는 것으로 보인다. 이는 산업 간 경제적 활동이 노동분배율이 낮은 산업으로 재분배되었다는 것을 의미하며 결과적으로 구성 효과가 노동수요를 감소시키는 방향으로 작용한 것이다.

〈표 3〉 구성 효과와 전체 GDP에서의 산업별 비중과 노동분배율의 관계

Panel A: 1기(1970-1991년)의 구성 효과

경제 전체의 누적 구성 효과: 5.44%

산업	'70 GDP 비중(%)	'91 GDP 비중(%)	GDP 비중 변화(%p)	'70 노동 분배율(%)	'91 노동 분배율(%)	노동분배율 변화(%p)
서비스업	44.73	49.43	4.70	49.44	53.18	3.74
제조업	17.79	27.39	9.60	42.46	54.23	11.77
농림어업	29.25	7.94	−21.31	11.49	11.48	−0.01
건설업	5.11	12.42	7.31	49.15	65.32	16.17
광업	1.76	0.79	−0.97	60.01	42.46	−17.55
전기, 가스 및 수도사업	1.36	2.02	0.66	29.27	24.40	−4.87
경제 전체				36.99	51.00	14.01

Panel B

경제 전체의 누적 구성 효과: −7.55%

산업	'91 GDP 비중(%)	'12 GDP 비중(%)	GDP비중 변화(%p)	'91 노동 분배율(%)	'12 노동 분배율(%)	노동분배율 변화(%p)
서비스업	49.43	54.73	5.30	53.18	51.24	−1.94
제조업	27.39	33.77	6.38	54.23	46.03	−8.20
농림어업	7.94	2.67	−5.27	11.48	13.31	1.83
건설업	12.42	6.66	−5.76	65.32	70.58	5.26
광업	0.79	0.31	−0.48	42.46	27.50	−14.96
전기, 가스 및 수도사업	2.02	1.86	−0.16	24.40	29.47	5.07
경제 전체				51.00	49.28	−1.72

출처: World KLEMS 한국 데이터(1970-2012년)

4.2 기술 진보의 총노동수요 변화 효과: 제조업과 서비스업

아래에서는 동일한 방법으로 제조업 분야와 서비스업 분야를 각각 분석해보고자 한다. Park(2020)은 자동화의 영향을 많이 받은 제조업만을 대상으로 분석했지만, 우리나라 경제에서 서비스업의 고용과 서비스업이 GDP에서 차지하는 비중은 지속적으로 증가하고 있기 때문에 본 연구에서는 제조업과 서비스업 모두 분석하고자 한다. 제조업 분야는 2012년 기준 한국 전체 GDP의 약 35%, 서비스업은 약 55% 정도를 차지했다. 두 산업 분야는 우리나라 전체 GDP의 약 90%를 담당하고 있으므로 두 산업에서의 노동수요의 변화를 이해하는 것은 앞으로의 한국 경제에서 노동수요의 변화를 예측하는 데 매우 중요하다. 따라서 우선 제1기(1970~1991년)의 제조업과 서비스업에서의 노동수요의 변화를 살펴본 후에 제2기(1991~2012년)의 변화를 보고자 한다.

제1기의 제조업 분야를 살펴보면, 제1기 제조업에서의 노동수요 연평균 증가율은 약 6.4% 수준이며, 누적 노동수요 증가율은 267%에 달한다. 이러한 급격한 노동수요의 증가율은 생산성 효과 242%, 구성 효과 -4%, 대체 효과 7%, 업무 수행 요소의 변화 20%를 합한 값이다. 제조업에서도 생산성 효과가 전체 노동수요 움직임의 90% 이상을 설명하고, 그다음으로 업무 수행 요소의 변화가 노동수요의 증가의 7.5%를 설명한다(〈그림 5〉의 Panel A 참조). 이 기간에 제조업 분야에서 업무 수행 요소의 변화를 자세히 살펴보면, 1970년부터 1991년까지의 누적 복귀 효과는 39%, 누적 전치 효과는 20%로 업무 수행 요소의 변화가 노동수요를 증가시키는 방향으로 변화

〈그림 5〉 한국 제조업에서의 노동수요의 변화 1970-1991년

Panel A

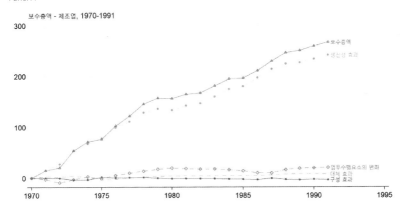

보수총액 - 제조업, 1970-1991

Panel B

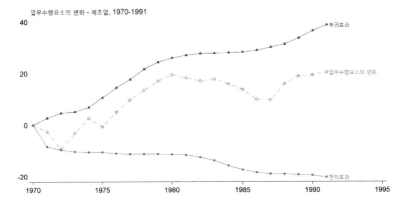

업무수행요소의 변화 - 제조업, 1970-1991

했다(〈그림 4〉의 Panel B 참조). 특히 1980년대에는 복귀 효과와 전치 효과의 크기가 비슷해 효과가 서로 상쇄되어 노동수요에 미치는 영향이 적었지만, 그 이전 1970년대에 복귀 효과가 빠르게 증가해 새로운 업무를 창출하면서 노동수요를 증가시키는 방향으로 움직였다.

다음으로 제1기 동안 서비스업에서의 노동수요를 분석해보고자 한다. 서비스업에서의 노동수요는 제1기에 연평균 약 3.6% 성장해 누적 증가율 110%를 기록했다. 이 110%의 노동수요 증가율은 생산성 효과 115%, 구성 효과 -9%, 대체 효과 3%, 업무 수행 요소 변화 -0.5%를 더한 값이다. 앞선 분석들과 마찬가지로 생산성 증가가 노동수요를 증가시키는 가장 큰 원인임을 알 수 있다. 반면 나머지 효과들은 110% 대비 작은 비중을 차지했다. 특히 업무 수행 요소의 변화는 노동수요에 거의 영향을 미치지 못하는 것처럼 보인다(〈그림 6〉의 Panel A 참조). 하지만 제1기 동안 서비스업에서의 업무 수행 요소의 변화를 복귀 효과와 전치 효과로 나누어보면, 제1기 동안 누적 전치 효과는 -10%에 육박해 제1기 서비스업의 노동수요 변화의 9%를 설명했다. 그러나 복귀 효과 또한 비슷한 크기로 노동수요의 증가에 영향을 미쳤기 때문에 두 효과를 합친 업무 수행 요소의 변화가 노동수요의 변화에 영향을 미치지 못한 것처럼 보인 것이다.

제2기(1991~2012년) 동안의 제조업과 서비스업에서의 노동수요의 변화를 〈그림 7〉과 〈그림 8〉에 나타냈다. 이 기간 동안 노동수요의 연평균 증가율은 제조업이 약 3.5%, 서비스업이 2.3% 수준으로 두 산업 모두 제1기에 비해서 노동수요의 증가율이 둔화된 것을 알 수 있다. 제1기와 마찬가지로 노동수요에 가장 큰 영향을 미친 요인은 생산성의 증가였다. 또 한 가지 주목

〈그림 6〉 한국 서비스업에서의 노동수요의 변화 1970-1991

Panel A

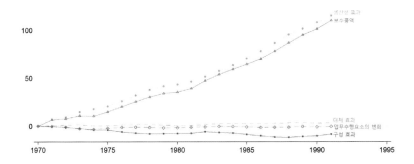

보수총액 - 서비스업, 1970-1991

Panel B

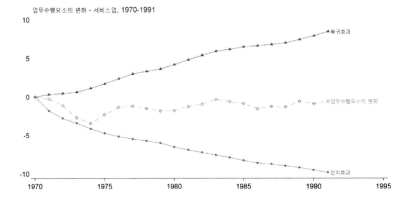

업무수행요소의 변화 - 서비스업, 1970-1991

〈그림 7〉 한국 제조업에서의 노동수요의 변화 1991–2012년

Panel A

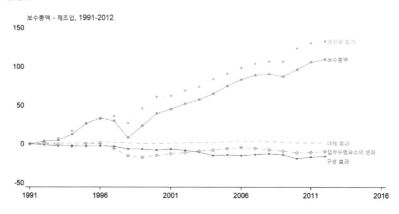

Panel B

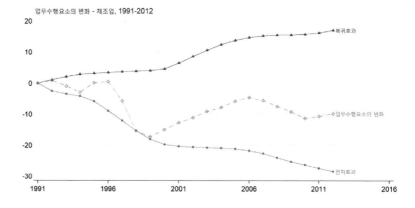

〈그림 8〉 한국 서비스업에서의 노동수요의 변화 1991-2012년

Panel A

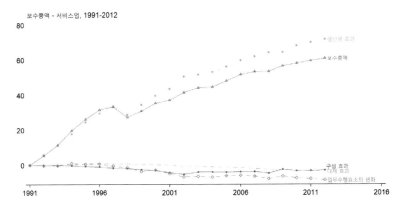

Panel B

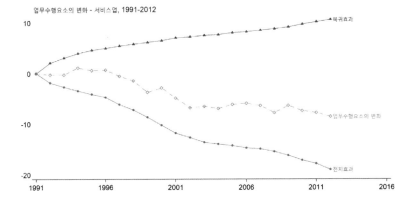

할만한 점은 '업무 수행 요소의 변화'가 노동수요를 감소시키는 방향으로 움직이고 있다는 것이다. '업무 수행 요소의 변화'는 제2기에 제조업 누적 노동수요 증가율 109% 중에 −10%를 차지하고, 서비스의 누적 노동수요 증가율 61%에서 −9%를 차지했다. 제조업과 서비스업의 노동수요 움직임에서 각각 약 9%와 15%를 설명하는 수치이다. 이를 복귀 효과와 전치 효과로 나누어서 더 자세히 분석해보면, 제조업에서 제2기의 누적 전치 효과는 −28%, 누적 복귀 효과는 17%이고, 서비스업에서는 누적 전치 효과 −19%와 누적 복귀 효과 10%로 두 산업 모두에서 전치 효과가 복귀 효과를 압도하는 것을 알 수 있다(〈그림 7〉의 Panel B와 〈그림 8〉의 Panel B 참조).

4.3 한국의 노동수요 변화의 특징

지금까지 한국의 노동수요를 제1기(1970~1991년)와 제2기(1991~2012년) 두 기간으로 나누어 경제 전체의 총노동수요 변화와 제조업과 서비스업으로 나누어 노동수요의 변화를 분석해 보았다.

우리나라의 노동수요는 1970년 이후 매우 빠른 속도로 증가해 왔으며 노동수요 증가의 가장 큰 원인은 생산성 향상에 기인한다. 또한 1970년부터 1991년까지는 자동화로 인해 노동이 수행하던 업무를 자본이 대체하는 전치 효과가 노동이 비교우위에 있는 새로운 업무의 창출로 인한 복귀 효과와 상쇄되어 두 효과의 합으로 이루어지는 업무 수행 요소의 변화가 전체 노동수요에 큰 영향을 끼치지 못했다. 그러나 최근으로 올수록 전치 효과가 복귀 효과를 압도해 전체적인 노동수요를 감소시키는 방향으로 움직이고 있다. 또한 1991년 이후 제조업과 서비스업이 전체 GDP에서 차지하는 비중은 점차 증가해 약 90%를 차지했다. 이 두 산업에서의 노동분배율의 감소에 따라 구성 효과가 음(-)의 값을 가지게 되어 총노동수요를 감소시키는 방향으로 움직였다.

구체적으로 제1기에는 노동의 수요 21년 동안 139% 이상 증가하였으며 이러한 변화의 90% 이상은 생산성 효과에 의해 설명됐다. 또한 같은 기간에 '업무 수행 요소의 변화'는 경제 전체와 서비스업의 노동수요의 움직임에 거의 영향을 주지 못한 것처럼 보이지만, 실제로는 비슷한 크기의 전치 효과와 복귀 효과가 서로 상쇄됐기 때문에 나타난 결과였다. 그리고 제1기 제조업에서는 복귀 효과가 전치 효과의 크기보다 컸기 때문에 노동수요를 소폭 증가시키는 방향으로 움직였다.

하지만 제2기에는 경제 전체와 제조업, 서비스업 모두에서 노동수요의 증가율이 둔화됐다. 둔화된 요인으로 가장 큰 것은 생산성 향상의 둔화이고, 그다음으로 '업무 수행 요소의 변화'를 꼽을 수 있다. 특히 '업무 수행 요소의 변화'는 기술발전으로 자동화되는 업무가 많아지면서 전치 효과의 크기가 복귀 효과를 월등히 압도하는 것으로 나타났다.

위와 같은 추세는 한국 경제와 미국 경제가 크게 다르지 않지만, 본 연구와 Acemoglu와 Restrepo(2019a)의 연구를 크게 두 가지 관점에서 비교해 보고자 한다. 첫째, 한국의 생산성 증가율이 미국보다 약 2배 정도 높은 것으로 나타났다. 한국의 생산성 증가율이 높은 이유는 1970년 이후 미국보다 상대적으로 고속 성장을 하였기 때문이고, 숙련 근로자가 빠른 속도로 노동 시장에 유입됐기 때문으로 보인다. 하지만 제2기에 노동수요의 증가율이 둔화되는 이유는 생산성 효과의 둔화와 복귀 효과를 압도하는 전치 효과라는 점에서는 우리나라와 미국의 노동 시장이 유사한 결과를 보인다.

둘째, 1990년대에 들어 우리나라 경제 전체의 구성 효과는 음(-)의 방향으로 움직인데 반해, 미국에서는 이 구성 효과가 양(+)의 방향으로 움직이고 있다. 미국과 우리나라의 산업별 노동분배율의 추이나 GDP를 구성하는 산업별 구성이 비슷한데도 불구하고 이러한 차이가 나는 이유는 우리나라 GDP의 90% 이상을 차지하는 제조업과 서비스업에서 노동분배율이 감소하고 있기 때문이다. 그러나 그 외에도 미국과 한국의 산업 내 구조, 산업별 생산성의 차이 노동분배율에 영향을 미치는 요인 등의 영향도 있기 때문에 정확한 원인은 추가적 연구가 필요해 보인다.

5. 요약 및 연구의 한계

본 연구에서는 Acemoglu와 Restrepo(2019a) 논문에서 제시된 새로운 '업무모형'을 기반으로 해 기술 진보가 한국의 총노동수요에 미치는 영향을 효과별로 분석했다. 1970년부터 2012년까지 한국 경제의 총노동수요는 1기에 139% 증가, 2기에 70% 증가라는 엄청난 속도로 성장해 왔으며 이는 주로 생산성 향상에 기인한다. 또한 제1기(1970~2012년)에는 '업무 수행 요소의 변화'가 노동수요를 증가시키는 복귀 효과와 노동수요를 감소시키는 전치 효과의 크기가 비슷해 효과가 서로 상쇄됐기 때문에 노동수요의 변화에 큰 영향을 미치지 못했다. 그러나 제2기(1991~2012년)에는 전치 효과의 크기가 복귀 효과의 크기보다 크게 나타나면서 노동수요의 변화를 감소하는 쪽으로 움직였다.

또한 우리나라 GDP의 90%가량을 차지하는 제조업과 서비스업 또한 비슷한 추세를 보인다. 제조업은 우리나라의 산업화를 이끈 산업으로 지난 두 기간 동안 노동수요가 380%가량 누적 증가했다. 제1기에는 복귀 효과가 전치 효과보다 크게 나타나면서 노동의 수요가 폭발적으로 증가했다. 반면 제2기에는 기술 진보에 따른 자동화의 속도가 새로운 업무가 생겨나는 속도보다 빨라지게 되면서 '업무 수행 요소의 변화' 정도가 감소했고, 결과적으로 노동수요를 감소시키는 방향으로 움직이고 있다.

서비스업도 마찬가지로 생산성 효과의 증가로 노동수요가 증가해 왔다. 제1기에는 비슷한 크기의 복귀 효과와 전치 효과로 인해 업무 수행 요소 변화가 노동수요에 미치는 영향이 거의 없다. 반면 제2기에는 자동화의 속도가 빨라짐에 따라 업무 수행 요소의 변화가 노동수요를 감소하는 방향으로 움직이고 있다.

지금까지의 논의는 한국에서 기술 진보가 노동수요에 어떤 영향을 미쳤는가를 분석하는 것이었다. 하지만 앞에서도 언급하였듯이 한국의 노동 시장은 수요 측면뿐만 아니라 공급 측면에서도 매우 큰 변화를 겪어 왔다. 인구 구조의 급격한 변동으로 인해 빠른 속도로 고령화가 진행되고 있고, 인력의 질적인 측면에서도 1980년 이후의 대학 정원 확대와 더불어 1990년대 초반에 대학 설립을 자유롭게 하는 대학 설립 '준칙주의'의 도입 등으로 고학력자의 노동 시장 유입이 급격하게 증가해 왔다.

노동 공급에 있어 급속한 연령과 학력 구조의 변화는 기업이 어떤 종류의 기술을 채택할 것인지에 영향을 주었을 가능성이 높다(Acemoglu, 2002). 일반적으로 기업이 기술을 개발하거나 채택할 때에는 경제적 이윤을 극대화하기 위해서 그 당시에 상대적으로 풍부한 생산 요소를 많이 사용하는 기술을 개발·도입하려고 한다. 생산 요소가 상대적으로 풍부하다는 것은 그 생산 요소의 상대가격이 저렴하다는 뜻이기도 하다. 이러한 이윤 동기 때문에 기술의 채택이나 기술발전은 단순히 외생적으로만 주어지는 것이 아니라 경제 체제 내에서의 생산 요소의 부존량에 의해 결정되는 내생적 성격을 지닌다는 것이다.

위와 같은 설명은 우리가 살펴보고 있는 자동화의 영향 역시 노동 공급에서의 연령별 구조에 따라 그 효과가 다르게 나타날 수 있음을 시사한다. 예를 들어 고령화가 급속히 일어난 독일, 일본, 한국 등이 (중년층)생산직 근로자가 적은 것에 대응해 채택한 자동화 기술이 미국에서보다 더 큰 긍정적 고용 효과가 있다는 연구 결과는 이 같은 추측을 뒷받침하고 있다(Acemoglu & Restrepo, 2018). 따라서 본 연구에서는 살펴보지 못했지만, 추후의 연구에서는 자동화의 고용 효과가 근로자의 연령 및 학력 구성에 따라 어떻게 변화하는지를 분석하는 것이 필요할 것이다. 이 같은 분석은 향후 인력 양성과 훈련 정책에 중요한 시사점을 제공할 것이다.

이와 더불어 인공지능 기술도 그 종류에 따라서 근로자의 생산성 증가와 더불어 고용의 효과를 증대시킬 수 있는 것들과 그렇지 못한 것들이 존재한다(Acemoglu & Restrepo, 2019b). 기술의 채택에 있어서도 고용에 대한 고려가 필요함을 시사하는 것이다. 향후 자동화의 영향이 노동수요에 미치는 부정적 영향을 최소화하기 위해서 주어진 인구 구조를 변화시킬 수는 없다. 그러므로 올바른 인공지능 기술의 채택에 관한 논의를 통해 노동 편향적인 기술 정책의 채택이 중요함을 알 수 있다.

VI

보도된 미확인 정보의 비판적 수용을 위한 모바일 애플리케이션 기반 서비스의 효과와 한계

한영애(연세대학교 미래캠퍼스 디자인예술학부)

1. 보도된 미확인 정보의 문제점

2019년 한국언론진흥재단에서 발간한 ≪디지털 뉴스 리포트 2019≫에 따르면, 다수의 한국인은 디지털 미디어상에서 검색 및 뉴스 수집 서비스를 이용해 뉴스를 접하고 있다(김선호 · 김위근, 2019). 이 과정에서 일어날 수 있는 문제 중 하나는 독자가 보도된 미확인 정보를 사실로 오인하는 현상이다. 허위 정보(disinformation)가 정치적, 금전적 이득을 목적으로 의도적으로 위조, 왜곡된 정보라면(Pennycook 외, 2018), 보도된 미확인 정보(unverified information)는 의혹을 제기하는 탐사보도, 사법적 결론이 나지 않은 혐의 내용, 논리적인 타당성 검증이 필요한 주장, 객관적 검증이 필요한 해석과 의견 등 추후 팩트 체크, 수사, 재판으로 확인이 필요한 보도 내용을 모두 포괄하는 개념이다(박정진 · 한영애, 2020a). 이러한 유형의 보도 자체는 언론 본연의 기능에 속하나, 독자들의 불완전한 사실-주장 구분 능력(Mitchell 외, 2018), 독자들이 모바일 기기상에서 뉴스를 단시간 내 훑어보는 경향(Dunaway 외, 2018), 컴퓨터 스크린상에서 제한된 시간 동안 읽은 텍스트에 대한 독자들의 이해도가 떨어지는 현상(Delgado 외, 2018)으로 인해 일부 독자가 보도된 미확인 정보를 확정 사실로 오독(誤讀)할 가능성이 있다. 일례로 과거 한 정치인이 "외국인은 우리나라에 기여해 온 것이 없으므로 똑같은 임금 수준을 유지하는 것은 공정하지 않다"라는 취지로 주장한 내용(정종문, 2019)은 이후 근거 없음으로 판명됐으나(오대영, 2019a), 독자들이 주장 내용만 듣고 사실 관계를 확인하지 않는다면 주장을 확정 사실로 오인할 수 있고, 이는 한국인과 외국인 노동자 사이의 사회적 갈등으로 이어질 수 있다.

따라서 사실성(factuality), 논리적 타당성(validity), 해석의 객관성(objectivity)이 떨어지는 미확인 정보는 허위 정보와 마찬가지로 대응책이 필요하다. 원칙적으로 사실과 다른 보도 내용으로 인해 발생한 명예 훼손 등의 피해는 팩트 체크나 재판 후 검증된 내용을 언론사에서 정정 보도를 내보내는 등의 조치가 가능하다. 하지만 재판 결과나 언론사의 조치 등이 미확인 정보를 접한 모든 독자에게 전달되는 것은 아니므로 독자가 미확인 정보를 접하는 시점에서부터 해당 내용을 비판적으로 수용할 필요가 있음을 알리는 대응책이 필요하다. 이어지는 장에서는 미확인 정보의 비판적 수용을 권고하기 위해 현재 시행 중이거나 실험 중인 모바일 애플리케이션 기반 서비스를 소개하고자 한다.

2. 국내 · 외 IT 기업의 모바일 앱 기반 대응책

허위 정보와 미확인 정보의 대응책으로 IT 기업들에서 이미 시행 중인 서비스들에는 (1) 기사에 플래그(flag)나 라벨(label)을 부착해 직접적으로 경고하는 유형, (2) 해당 기사의 관련 기사 목록을 제공해 독자들에게 간접적으로 내용 비교를 통한 사실 검증을 권장하는 유형, (3) 언론사, 기자, 작성 시점 등 해당 기사의 메타(meta) 정보를 제공해 독자들에게 기사 내용을 정보적 가치 측면에서 판단해 볼 것을 권장하는 유형이 있다.

2.1 플래그 유형

사실이 아닌 것으로 확인된 기사에 플래그나 라벨을 부착하는 유형의 대응 사례로는 먼저 페이스북(Facebook)의 **Disputed Flags** 서비스 〈그림 1a〉를 들 수 있다(Mosseri, 2016). **Disputed Flags**란 페이스북 사용자가 게시물 중 허위 정보로 의심되는 것을 신고하면, 외부 전문기관이 해당 게시물의 사실 여부를 확인하는 기능이다. 팩트 체크 결과 허위로 판명된 게시물은 논란의 소지가 있는 내용(disputed)임을 알리는 동시에 해당 게시물을 목록의 아래쪽으로 내려가도록 해 노출 및 공유 빈도를 줄인다. 이후 **Disputed Flags**의 효과를 연구한 결과, 허위로 인지된 게시물은 신뢰도가 낮아져 사용자들의 공유 빈도가 낮아지는 것으로 관찰됐다(Mena, 2019). 그러나 허위로 지목된 기사 내에서 구체적으로 어느 부분이 허위인지 파악이 어려운 점, 2개의 팩트 체크 기관 사이에 의견이 불일치하는 경우도 있는 점(Smith 외, 2017), 또는 아직 신고되지 않은 게시물을 진실이라고 믿는 암묵적 진실 효과(implied truth effect) 등의 문제가 제기되고 있다(Clayton 외, 2019).

트위터(Twitter) 역시 2020년부터 각 분야 전문가들에 의해 허위로 밝혀지거나 정확성이 의심되는 게시물은 하단에 경고 라벨을 부착해 해당 정보가 오해의 소지가 있음을 알리는 등 잘못된 정보가 확산되는 것을 방지하기 시작했다(Roth & Pickles, 2020). 트위터의 정책은 Disputed Flags와는 달리 정보의 유해성을 단계별로 구분(moderate/severe)하고 사실 왜곡의 정도가 심한 트윗을 삭제하는 보다 직접적인 제재 방식이다.

2.2 관련 기사 제공 유형

게시된 기사의 관련 기사 목록을 제공해 독자들에게 내용 비교를 권장하는 대응책으로는 페이스북에서 2017년 도입한 Related Articles 서비스 〈그림 1b〉를 들 수 있다(Lyons, 2017). Related Articles는 각 게시물 아래 관련 기사를 게시하여, 같은 사안에 대한 여러 기사의 비교를 통하여 독자가 사안을 보다 정확하고 객관적으로 판단할 수 있도록 돕는 기능이다. 이와 같이 관련 기사를 제공했을 경우, Disputed Flags를 부착했을 때보다 해당 기사를 공유하는 빈도가 줄어드는 효과(Smith 외, 2017)와 해당 이슈에 대한 잘못된 인식(misperception)이 감소하는 효과(Bode & Verga, 2015)가 나타났다. 그러나 관련 기사로 제공된 정보가 원문 기사보다 정확한 최신 정보라고 확신할 수는 없으며 독자들이 스스로 여러 기사를 자세히 비교해 읽고 원문 기사에서 정정이 필요한 부분과 관련 기사보다 정확한 내용을 발견하는 수고가 필요한 점(박정진 · 한영애, 2020a), 이슈에 따라 효과가 달라질 수 있다는 점(Bode & Verga, 2015)이 Related Articles 서비스의 한계로 지적되었다.

2.3 메타정보 제공 유형

게시된 기사의 맥락, 즉 어떤 언론사의 어떤 기자가 언제 작성한 기사인가를 알려주는 메타(meta)정보의 제공으로 독자들이 기사 내용뿐 아니라 내용의 정보적 가치를 함께 판단하도록 권장하는 대응책으로는 2018년에 도입된 페이스북의 Context Button이 있다(Hughes 외, 2018). Context Button은 페이스북 게시물의 우측 상단에 부착되어 있으며, 기사의 출처인 언론사와 사업자의 연혁, 같은 출처의 다른 기사 등 기사 신뢰도 판단에 유용한 내용을 Wikipedia, WHOIS 등에 등록된 정보를 근거로 제공하고 있다. 또한 Context Button은 얼마나 많은 사람들, 특히 사용자의 친구들 중 누가 해당 기사를 공유하는지를 근거로 그 기사의 수준과 성향을 파악할 수 있도록 돕는다(Smith 외, 2018). 그러나 기사의 출처가 주요 언론사인 경우에도 광고성 기사 및 오보(誤報) 가능성은 상존하며 네이버 등 IT 포털에서 운영하는 블로그 글의 경우 페이스북의 Context Button 팝업 창에서 글의 작성자인 블로거 정보가 아니라, 포털 운영사 정보가 제공되어 정보의 신뢰도 파악에는 직접적으로 도움이 되지 않는 점 등의 문제점이 있다.

기사의 작성자 정보를 제공하는 네이버의 기자 페이지는 기사의 출처를 보다 명확하게 전달하고 기자와 구독자가 소통할 수 있는 채널을 제공하여 기자의 입장에서는 독자층과 기사에 대한 반응 정보를, 독자 입장에서는 기사의 신뢰도 판단에 유용한 정보를 얻을 수 있다(네이버 다이어리, 2017; 하선영, 2020). 기사의 작성 시점 역시 정보의 질과 사실 여부를 좌우한다. 예를 들어 시간이 지남에 따라 완성도가 달라지는 자율주행 등 신기술 관련 기사나 새로운 정보가 누적되는 의학 관련 기사는 작성 시점이 기사의 정보적 가치에 결정적인 영향을 준다. 따라서 독자들에게 기사의 작성 시점에 주목하도록 하는 대응책으로 2019년 영국 가디언(The Guardian)지에서 12개월 이상 된 뉴스 기사에 부착하기 시작한 황색 배너가 있다(Moran, 2019). 또한 최근 페이스북에서 도입한 90일 이상 된 뉴스 기사를 공유할 때 해당 정보가 오래되었음을 경고하는 팝업 활성화 사례가 있다(Hegeman, 2020).

〈그림 1〉 Facebook의 (a) Disputed Flags, (b) Facebook Related Articles

Facebook Disputed Flags   Facebook Related Articles

출처: Mosseri, 2016; Su, 2017

3. 새로운 대응책의 실험: Tagged View

현재 시행되는 서비스는 아니지만, 서비스 개념으로 실험 중인 대응책 중 하나로 Tagged View 〈그림 2〉가 있다. Tagged View는 "(a) 의혹/혐의 보도, 주장 보도, 논평 기사 등 보도된 미확인 정보를 대상으로, (b) 미확인 정보의 보도 직후부터 팩트 체크, 수사/재판에 의한 사실 여부 확정 시점 사이에, (c) 뉴스 포털 서비스의 관리자와 사용자가 기사 중 미확인 정보 부분을 정정하는 내용으로 태그(tag)를 추가해, (d) 다른 사용자들이 사실성, 논리적 타당성, 객관성 측면에서 비판적 시각으로 기사를 읽을 수 있도록 돕는 사용자 참여 시스템"이다(박정진 · 한영애, 2020a).

현시점에서 저자들은 Tagged View의 작성 주체를 뉴스 포털 서비스의 관리자로 상정했으며 기사 하단에 제시되는 댓글을 통한 일반 사용자들의 참여에 힘입어 운영하는 형태로 설명하고 있다. 이와 같은 서비스 운영이 가능할 것으로 보는 근거는 인터넷 뉴스 포털 서비스의 사용자들이 자발적으로 보도 내용의 사실성, 논리성, 객관성 유지를 위해 댓글을 게시하는 행동을 제시했다. 일례로 선행 연구에서 미국 사용자들이 정치적 내용의 기사에 댓글을 남기는 동기를 복수 응답으로 조사한 결과에 따르면, 잘못된 내용의 정정(35.1%), 부족한 정보의 보완(22.4%), 균형 잡힌 시각의 유지(19.9%)가 있었다(Stroud 외, 2016). 또한 Twitter 사용자들이 부정확한 정보를 삭제, 혹은 정정하는 행동(Arif 외, 2017), 가짜 뉴스를 정정하는 URL을 트윗하는 행동(Vo & Lee, 2018)이 관찰된 바 있다. Tagged View는 이와 같이 건전한 상식을 갖춘 사용자들이 보도된 미확인 정보 중 사실과 다른 내용을 드러내는 관련 기사

<그림 2> 보도된 미확인 정보의 유형과 Tagged View의 적용 시점

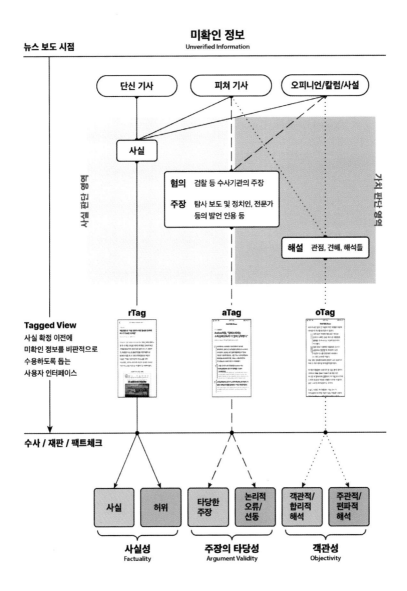

를 제보하거나 기사 내용의 논리적 허점을 지적하는 댓글을 달면 관리자가 이를 검토한 후 기사 내 관련 부분에 표시하는(tagging) 서비스이다. 박정진과 한영애(2020a)는 사실성 확인을 위해 관련 기사를 제공하는 rTag, 논리적 타당성 검토를 돕는 코멘트를 제공하는 aTag, 기사 내 해석의 객관성 여부 판단을 돕는 oTag 등 3종의 Tagged View 아이디어를 제시했다. 이어지는 장에서는 rTag와 aTag:half_truth 2종의 개발과정과 그 효과를 소개한다.

3.1 사실성 확인을 위한 관련 기사의 제공: rTag view

rTag view(박정진 · 한영애, 2020a)는 related articles tag의 약어로, 독자가 미확인 정보의 사실성을 전문가 팩트 체크 이전에 관련 기사를 참고해 확인하도록 돕는 기능이다. 뉴스 포털 관리자가 원문 기사보다 정확한 내용이 포함된 관련 기사를 선정한 후, 바로잡아야 하는 문장에 직접 링크하는 방식이다. rTag view는 원문 기사 중 어느 부분이 정정되어야 하는지가 불확실한 페이스북의 Disputed Flags와 여러 관련 기사 중 어떤 기사가 보다 정확하고 최신의 정보를 제공하고 있는지 드러나지 않는 Related Articles의 한계를 극복하고자 하는 시도이다.

rTag view 예시 화면 〈그림 3〉은 사실 확인이 필요한 뉴스 원문 중 정정이 필요한 부분에 2개의 다른 기사가 링크로 제공되어 독자들이 여러 기사를 비교해 읽고 사안을 보다 정확히 이해할 수 있도록 돕는 상황을 보여준다. 먼저 〈그림 3〉 상단 중앙의 마스크 기사 원문은 지난 2020년 1월 한국 정부가 중국 우한시에 수송한 마스크에 대해 야당 소속 정치인의 비판을 보도한

〈그림 3〉 rTag view의 예시 화면

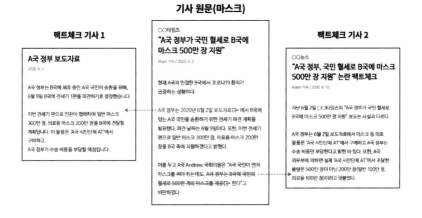

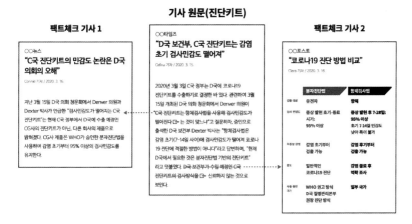

출처: 박정진 · 한영애, 2020a

기사를 바탕으로 국가명과 마스크 수량 정보를 바꾸어 재구성한 내용이다 (현일훈, 2020). 이 기사에서 정정되어야 할 부분은 "국민 혈세로 마스크 500만장 제공" 부분으로, 야당 소속 정치인이 정부의 보도 자료를 자세히 확인하지 않고 발언한 것으로 추정된다. 따라서 박정진과 한영애(2020a)는 이 기사에 rTag view를 적용해 마스크 기부는 A국 민간단체, 수송은 A국 정부가 담당했다는 정부 보도 자료와 실제 수송된 마스크의 개수는 500만 장이었던 계획과는 달리 200만 장이라는 후속 보도 기사를 링크로 제공했다. 이 정보를 바탕으로 독자들이 지출 규모 및 자금의 출처 측면에서 A국 정부의 결정이 비난받을 만한 것이었는지 여부를 보다 정확히 판단하도록 돕는 것이다.

〈그림 3〉 하단 중앙의 진단키트 원문 기사 역시 2020년 3월 한국에서 개발한 신종 코로나바이러스 진단키트를 미국에 수출하는 과정에서 일어난 오해를 보도한 기사를 바탕으로 국가명을 익명화한 것이다(조철환, 2020). 이 기사에서 D국 정부는 C국의 진단키트를 수입하기로 결정한 후 의회 청문회를 개최하였고, 이 청문회에 참석한 D국 정치인과 의학 전문가가 C국 진단키트의 검사법과 민감도에 대해 논의한 내용을 보도하고 있다. 이 중 정정이 필요한 부분은 해당 정치인과 의학 전문가가 C국의 여러 진단키트 중 D국에서 수입하지 않는 제품을 수입한 것으로 오인해 전혀 다른 진단키트의 검사법과 민감도를 논의한 부분이다. 따라서 기사 원문에 rTag view를 적용해 여러 코로나19 검사법을 비교한 자료와 사건의 전말을 설명한 관련 기사를 원문 기사의 정정이 필요한 부분에 링크함으로써 독자의 정확한 이해를 돕는 것이 가능하다(〈그림 3〉 하단, 좌측과 우측 화면 참조).

박정진과 한영애(2020a)는 이후 rTag view가 실제로 (1) 기사에서 다루고 있는 사안의 이해도를 높이고, (2) 기사 내 미확인 정보에 대한 신뢰도를 낮추는 효과가 있는지를 30-40대 성인 남녀를 대상으로 대조군-실험군으로

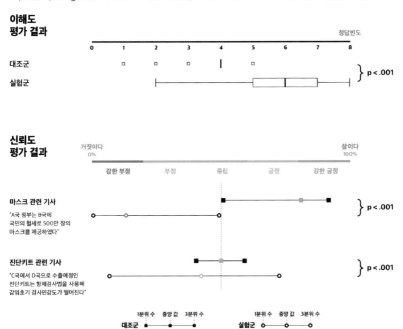

〈그림 4〉rTag view의 효과: 객관식 문항 이해도와 기사 내 허위 정보 문장의 신뢰도

출처: 박정진 · 한영애, 2020a

나누어 실험했다. 〈그림 4〉에서 보여주는 바와 같이 rTag view로 여러 개의 기사를 비교해 읽은 실험군에서 내용의 이해도가 높아지고, 미확인 정보 문장의 신뢰도를 낮게 평가해 원문 기사 중 사실성이 떨어지는 내용을 인지하는 피험자의 비율이 증가했다.

3.2 논리적 타당성 검토를 돕는 aTag:half_truth view

또 다른 Tagged View인 aTag는 argument validity tag의 약어로, 독자가 보도 내용 중 주장의 타당성을 검토할 수 있도록 돕는 기능이다(박정진 · 한영애, 2020b). 해당 논문에서 저자들은 논리적 오류의 여러 유형 중 절반의 진실 (half-truth), 즉 전체 사실 중 자신의 주장을 뒷받침하기 유리한 부분만을 선택적으로 인용해 잘못된 결론에 이르는 유형의 기사를 비판적으로 읽도록 돕는 aTag:half_truth view의 효과를 실험했다.

〈그림 5〉의 예시 화면은 실제 보도된 한국 기사 중 절반의 진실(half-truth) 유형인 논리적 오류와 더불어 정치적 선동(propaganda)의 요소를 갖춘 기사 2건에 aTag:half_truth view가 적용된 사례이다. 먼저 좌측의 외국인 건강보험 급여 관련 기사는 2020년 2월 신종 코로나바이러스(COVID-19) 사태 초기에 제기된 주장으로, 외국인들이 납부하는 보험료 금액에 대한 언급 없이 특정 국적의 외국인에게 지급된 보험급여의 절대량만을 언급하며 지급액이 과도하다고 주장하는 분노에 호소(appeal to anger)하는 유형의 정치적 선동이다 (정은나리, 2020). 또한 우측의 담배 소비세 관련 기사는 2014년 9월 제기된 한 정치인의 주장이 보도된 것이다. 소득 상위 10% 소비자의 매출액이 소득 하위 10% 매출액보다 높다는 통계 자료를 근거로, 소득 상위 10%가 내는 담배 소비세가 더 많기 때문에 담배 가격과 그에 포함되는 소비세를 올려도 서민을 대상으로 세금을 더 많이 걷는 것은 아니라고 결론 내리고 있다(스팟 뉴스팀, 2014). 해당 기사는 전체 소비자가 아니라 소득 상위 10%와 하위 10%의 매출액만을 근거로 전체 소비자에게 영향이 있는 정책의 방향을 결정하

〈그림 5〉 aTag：half_truth view

aTag:half_truth view
최종 디자인

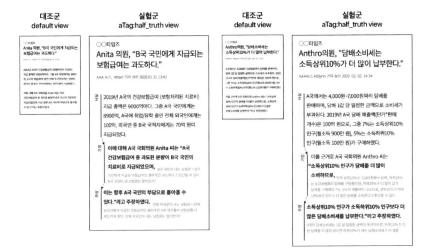

외국인 건강보험급여

대조군 default view	실험군 aTag:half_truth view

담배 소비세

대조군 default view	실험군 aTag:half_truth view

최종 디자인
논증 구조

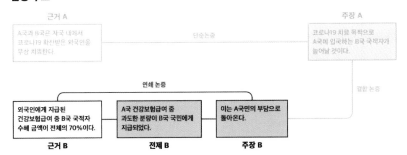

출처: 박정진·한영애, 2020b

고자 한 점, 또한 같은 금액의 세금이라도 고소득층과 저소득층에게는 상대적으로 다른 비중의 부담이 발생한다는 점에서 설득력이 떨어지는 것으로 비판받았다(김필규, 2014).

위 기사들에 aTag:half_truth view가 적용되면 정보의 부족과 논리적 오류가 드러난다. 기사의 정보 부족과 논리적 오류를 드러내는 전략으로 저자들은 논리 구조를 툴민 논증 모형(Toulmin Argument Model)에 따라 분석하되(Toulmin, 2003), 근거(data), 조건(warrant), 주장(claim) 등 툴민 논증 모형의 어려운 학술적 용어를 사실, 가정, 주장처럼 보다 독자들에게 친숙한 용어로 바꾸어 독자들의 인지적 부담을 줄였다. 또한 논증의 구조를 들여쓰기(indentation)와 사실-가정-주장의 태그로 표시해 한 눈에 파악 가능하도록 디자인했다. 독자가 주장의 논리적 타당성을 판단하는 데 필요한 추가 정보, 즉 숨겨진 가정에 해당하는 정보는 시각적으로 구분되는 서체로 표기했다(〈그림 5〉, aTag:half_truth view 내 황색 코멘트 부분 참조).

이후 박정진과 한영애(2020b)는 aTag:half_truth view의 효과를 (1) 독자의 기사 내용 이해도, (2) 기사 내 제시된 주장의 타당성에 대한 독자의 평가, (3) 원문 기사와 aTag 코멘트의 정보 충분성에 대한 독자의 평가, 즉 원문 기사와 aTag 코멘트가 각각 주장의 타당성 판단에 필요한 정보를 충분히 제공하는지에 대한 독자의 의견 측면에서 30-40대 성인 남녀를 대상으로 대조군-실험군으로 나누어 비교 실험했다. 그 결과 〈그림 6〉에 요약된 것처럼 aTag:half_truth view로 기사를 읽은 실험군에서 기사 내용의 이해도가 유의하게 상승했다. 그러나 기사 내 주장의 타당성에 대해서는 총 4개의 주장 중 주장 3("매출액이 높은 소득 상위 10% 인구가 담배 소비량이 많다")에 대해서만 대조군

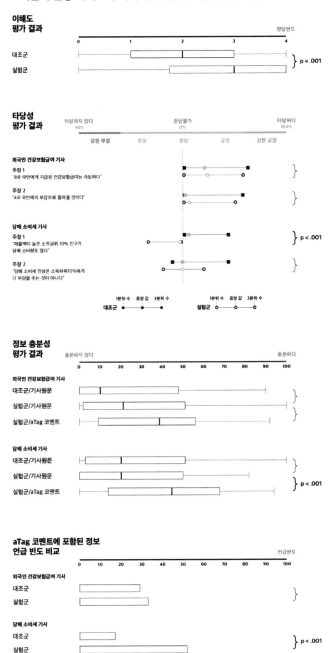

〈그림 6〉 aTag：half_truth view의 실험 결과:
객관식 문항 이해도와 기사 내 논리적 오류가 있는 주장의 신뢰도

은 타당, 실험군은 부당 방향으로 의견이 갈렸고, 나머지 3개 주장에 대해서는 대조군과 실험군 모두 대체로 동의하는 경향을 보였다. 정보 충분성 측면에서도 담배 소비세 관련 기사에 대해서만 aTag 코멘트가 기사 원문에 비해 유용한 정보를 제공한다는 의견이 조사되어, 주장의 논리적 오류를 지적하는 aTag 코멘트의 효과는 주장의 내용에 따라 달라진다는 aTag:half_truth의 가능성과 한계를 발견했다〈그림 6〉.

4. 미확인 정보의 비판적 수용을 위한 서비스의 효과 및 한계

앞서 살펴본 대응책들은 독자들의 뉴스 이해도 및 비판적 수용 태도 등 미디어 문해력 향상, 보도 내용의 시의성과 다양성 제고, 정보 제공에 의한 독자 설득 효과 측면에 기여할 것으로 기대된다. 그러나 현재 적용 가능한 배경 기술의 불완전함과 독자의 잘못된 기존 지식과 편견에서 비롯되는 한계도 존재한다.

4.1 독자의 미디어 문해력 보완 및 향상 효과

rTag view와 aTag:half_truth view는 사실성과 타당성 판단에 유용한 정보를 제공하지만, 동시에 독자들이 스스로 생각해 사실 확인이 필요한 부분 혹은 논리적 오류가 있는 부분을 찾는 인지적 부담을 덜어준다. 따라서 미디어 문해력이 약하고, 허위 정보를 적극적으로 확인하지 않으며 (Pennycook&Rand, 2019), 뉴스를 집중해 읽지 않는(Dunaway 외, 2018) 독자들에게 시간과 노력을 절약해주는 서비스로 환영받을 것으로 기대한다. 원문 기사에 포함된 미확인 정보의 사실 여부 확인을 돕는다는 점에서 Facebook Related Articles와 rTag view는 유사한 기능이라 할 수 있으나, rTag view는 정정이 필요한 부분에 보다 정확한 기사를 직접 부착하기 때문에 사용자가 직접 원문 기사 안에서 사실성이 떨어지는 부분을 찾는 인지적 노력, 그리고 일일이 관련 기사를 읽고 어느 기사가 더 사실에 가까운지 판단하는 수고를 덜 수 있다는 점에서 차이가 있다. 주장의 타당성 판단을 위해 어떤 정보가 더 필요한지 알려주는 aTag:half_truth 방식 역시 독자들이 기사 내용의 주장 중 어느 부분에 논리적 오류 가능성이 있는지 찾아내야 하는 수고를 일부 덜어주면서도 기사에서 제공하는 정보와 결론을 넘어서 다른 시각에서 다른 결론을 모색하도록 독려하는 미디어 문해력 보완 효과를 기대할 수 있다. rTag view와 aTag:half_truth view는 독자들에게 바람직하지 않은 정보를 스스로 거르지 않고 의존하는 습관을 길러줄 가능성도 있으나, 그럼에도 불구하고 Tagged View로 정보를 계속 접하는 동안 관련 기사를 읽고 논리적 오류를 찾으며 다른 방향의 결론을 탐색하는 비판적 사고를 반복 훈련함으로써 태그된 내용이 없는 기사를 읽을 때도 스스로 사고하는 좋은 습관을 길러줄 가능성도 존재한다.

4.2 보도 내용의 시의성과 다양성 제고 효과

rTag view는 사실성 판단에 유용한 정보를 제공하는 기능 외에도, 독자들이 뉴스 보도 내용의 시의성(時宜性) 판단과 다양하고 균형 잡힌 시각에서 사회적인 이슈를 검토하는 것을 돕는 효과도 있을 것으로 기대한다. 먼저 보도 내용의 시의성은 시간에 따라 정보의 가치가 달라지는 기사들에서 특히 중요하다. 일례로 신종 코로나바이러스 등 신종 감염병 관련 보도의 경우 시간이 지나면서 치료 경험과 연구 내용이 누적되고 전문가 집단의 지식수준도 달라지므로 감염병에 대해 작성된 논문과 기사 내용 역시 작성 시점과 읽는 시점에 따라 사실 여부가 달라질 수 있다. 2020년 신종 코로나바이러스 발생 초기에 전문가 집단에 의해 발표된 내용 중 2020년 하반기에는 사실이 아닌 것으로 정정된 사례도 있다. 따라서 독자가 검색 등을 통해 감염병에 대한 낡은 정보를 접해 의도치 않은 잘못된 정보(misinformation) 획득이 일어나지 않도록 하는 대응책이 필요하다. 영국 가디언지의 경고 배너처럼 기사가 적어도 12개월 이전에 작성된 낡은 정보임을 시각적으로 강조하는 방법과 함께, rTag view로 과거 출간된 기사에 최신 정보를 제공해 낡은 정보를 바로잡고 보도 내용의 시의성을 제고하는 것이 가능할 것이다. 이 밖에도 정책 관련 기사 등 여러 전문가의 의견과 입장을 고루 전달해야 하는 경우, 또는 국가별 온실가스 배출의 절대량과 상대량 등 같은 데이터를 여러 관점에서 다르게 해석하는 것이 가능한 경우에도 rTag view로 복수의 자료를 제공하면 독자가 다각도에서 균형 잡힌 시각으로 사실을 정확히 파악하는 데에 도움을 줄 수 있을 것이다.

4.3 주장 타당성 판단을 위한 정보 제공의 설득 효과

aTag:half_truth view의 실험 결과에서 밝혀진 것처럼, aTag 코멘트로 기사 내용의 논리적 오류 가능성과 기사에서 제공하는 정보가 주장의 타당성 판단에 불충분함을 지적해도 주장의 타당성에 대한 독자들의 의견은 주장의 내용에 따라 달라질 수 있다. 이와 같은 결과는 각 기사를 대하는 독자의 지식과 편견의 영향으로 해석이 가능하다. 일례로, 건강보험급여 관련 기사를 읽은 일부 독자들이 "외국인들이 건강보험료를 내지 않는다", "외국인들이 내국인보다 건강보험료를 적게 낸다", "외국인들 때문에 건강보험 재정이 악화된다"와 같은 허위 정보를 근거로 주장의 타당성을 평가하였다. 반복되는 언론사의 팩트 체크(민서영, 2020; 서울대학교 언론정보연구소, 2020; 오대영, 2019b; 이별님, 2020)에도 불구하고 외국인 건강보험료 납부에 대한 뿌리 깊은 편견이 한국 사회에 자리 잡고 있는 것이다. 또한 담배 소비세 관련 기사를 읽은 일부 독자들도 "담배란 게 하위 노동자들이 많이 피우지 상위층은 거의 사용 안 함"과 같이 사회적 편견에 해당하는 내용으로 답변하였다. 이와는 대조적으로, 담배 소비세 기사 내용 중 주장 3번은 수학적 계산의 영역에 해당하는 내용으로 실험군 피험자들이 내용의 타당성을 보다 객관적으로 판단해 대조군-실험군 간 유의한 차이가 확인되었다. 따라서 뉴스 독자들의 오해와 편견을 먼저 바로잡지 않으면 주장의 타당성에 대한 논리적 판단을 기대하기 어려운데, 독자의 다양한 오해와 편견을 사전에 모두 파악하고 이를 정정하는 코멘트를 작성하는 것도 불가하므로 개선 방안의 연구가 필요하다.

4.4 제안된 서비스의 한계

현시점에서 Tagged View와 같은 독자 참여 기반 서비스의 한계로는 사용자들이 제안하는 정보의 질에 따라 서비스의 질이 좌우된다는 점, 사용자 참여가 저조할 경우 서비스가 제대로 운영되지 않는 점, 사용자 참여가 과다할 경우 이를 검토하는 관리자 업무가 늘어나는 점, 그리고 국내에서 하루에 발행되는 수많은 기사 중 일부 기사만 태그할 수 있다는 점을 예상할 수 있다. 따라서 단기적으로는 뉴스 포털 측에서 독자가 정보를 제안하는 활동, 제안된 정보의 질을 평가하는 활동, 그리고 Tagged View로 보완된 기사를 공유하는 활동을 배지·등급 등으로 보상해 양과 질 측면에서 유용한 정보를 확보하고 더 나아가서 장기적으로 미디어 문해력이 뛰어난 독자 그룹의 양성을 꾀하는 것이 필요하다. 보다 장기적으로는 현재는 불완전하나 향후 개선될 것으로 예상되는 인공지능 기반 허위 내용 감지(deception detection), 자동 팩트 체킹(automated fact checking), 그리고 정보 출처·작성자의 신뢰도 평가(credibility scores)를 적용해 위의 한계를 극복해야 할 것이다.

또한 페이스북의 Disputed Flags와 관련하여 언급된 암묵적 진실(implied truth) 현상(Pennycook&Rand, 2019; Clayton 외, 2019)처럼 Tagged View로 정정되지 않은 기사가 오히려 확정된 사실이거나 논리적으로 타당한 주장으로 오인되는 상황도 예상 가능하다. 따라서 기사의 불확실한 정보를 정정하는 태그뿐 아니라 기사 안의 확실한 정보, 또는 타당한 논리를 인증하는 또 다른 태그의 개념을 도입해 두 종류의 태그가 적용되었을 때의 효과를 실험하는 것도 필요하다.

5. 결론

한국의 독자들이 모바일 기기를 활용해 접하는 뉴스 보도 내용 중에는 혐의, 주장 등 추후 팩트 체크, 수사, 재판을 통해 확인이 필요한 미확인 정보가 존재한다. 미확인 정보 역시 허위 정보와 마찬가지로 사실 여부가 확인될 때까지 명예훼손, 여론 호도 등의 피해를 야기할 수 있으므로 독자들이 미확인 정보의 보도 시점에서부터 기사를 사실성, 타당성, 객관성 측면에서 비판적으로 수용하도록 돕는 대응책이 필요하다. 본 연구에서는 국내·외 IT 기업에서 이미 시행 중인 서비스와 대학의 연구기관에서 실험 중인 서비스를 소개하고 각각의 기대 효과와 한계를 논했다.

연구 과정에서 얻은 결론 중 하나는 언론의 순기능 강화를 위해 뉴스 보도 내용의 사실성, 타당성, 객관성 확보만큼이나 독자들의 문해력과 사고력 제고가 중요하다는 점이다. Tagged View의 실험 도중 경험한 30-40대 피험자들의 문해력과 사고력은 다소 우려스러운 수준이었다. 피험자들의 주관식 답변 중 제시된 문장과 질문 내용을 오해한 것으로 보이는 응답이 다수 발견되었고, 피험자를 스크리닝 하기 위한 간단한 계산 문항에서 탈락한 응답자의 비율도 예상외로 높아서 깊은 이해 없이 기사를 대충 훑어보기만 하는 다수의 독자가 존재함을 추정할 수 있었다. 또한 aTag:half_truth의 실험군 참가자 중 외국인 건강보험급여 주관식 문항의 답변에서 "B국 국민이 받는 보험급여가 과도하다", "자국민의 세금 부담이 커진다"와 같이 기사 내 정치인의 근거 없는 주장에 동조하는 코멘트와 "외국인이 보험료를 내지 않거나 내국인보다 적게 낸다"라는 잘못된 지식이 발견되어, aTag:half_truth

코멘트로 관련 정보를 전달해도 독자의 잘못된 지식에 근거한 뿌리 깊은 편견을 단기간 내에 바로잡기는 어려울 것으로 보인다. 이는 교육받은 시민들이 충분히 생각하고 내린 판단에 근거해 정책을 결정해야 하는 민주주의 국가의 운영방식 자체에 위협이 될 수 있는 현상이므로 국가적 차원에서 정규 교육과정을 떠난 성인의 문해력과 비판적 사고력 향상을 위한 프로그램을 운영하고 The New York Times의 News Quiz(Stanford 외, 2020) 사례처럼 국민과 소통해야 하는 언론사들이 주기적으로 국민들의 뉴스 문해력을 측정하는 연구를 시행하는 것이 필요하다는 제언으로 글을 끝맺음한다.

VII

인공지능 돌봄 서비스, 독거 어르신과의 만남

김범수(연세대학교 정보대학원/바른ICT연구소)

오주현(연세대학교 바른ICT연구소)

한치훈(연세대학교 정보대학원)

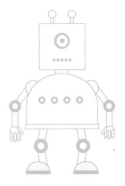

1. 지능정보사회, 돌봄 체계의 패러다임 변화

우리나라는 현재 빠른 속도로 고령 사회에 진입했다. 통계청(2019) 자료에 따르면, 한국의 65세 이상 고령 인구는 2019년에는 14.9%에서 2067년에는 46.5%로 급격히 증가할 것으로 전망했다〈그림 1〉. 이러한 수치는 우리나라가 현재 고령 사회에 살고 있으나 머지않은 미래에 노인 인구의 비율이 20%를 넘는 초고령 사회로 진입할 것이라는 점을 의미한다. 85세 이상의 고령 인구 또한 2019년 70만 명에서 2035년 176만 명까지 증가할 것으로 예측되고 있어, 향후 고령화 문제는 한국 사회의 근간을 흔드는 심각한 사회문제가 될 것으로 전망된다(보건복지부, 2020).

고령 인구 문제는 사회적 측면에서 생산연령 인구의 감소와 부양비 증가를 의미한다. 개인적 차원에서는 독거노인 문제를 의미하며, 노년에 혼자 산다는 것은 삶의 질 하락 문제를 가지고 있다. 특히 독거노인의 경우 2019년 147만 명에서 2035년에는 300만 명까지 늘어날 것으로 예측되고 있어 심각한 사회적 문제가 될 것이 분명해 보인다. 독거노인 문제는 특히 노인 자살과 연관성이 높다. 현재 한국의 노인 자살률은 OECD 국가 중 1위로 매우 심각한 수준이다. 고령층의 자살 동기를 살펴보면, 육체적 질병 문제가 41.6%, 정신적·정신과적 문제가 29.4%로 높게 나타났다(보건복지부·중앙자살예방센터, 2020). 이렇듯 고령층의 정신건강은 일종의 사회적 지표 역할을 하며 정신적·정신과적 문제에는 고독감, 우울증이 포함된다.

그동안 고령층의 심리적 안녕감 향상을 위한 요인으로는 가족과의 연락 빈도, 친구 수, 사회참여 수 등의 사회적 연결망 크기와 관계 만족도의 질적인 요인이 강조됐다. 정부에서는 실제 2018년에 독거노인 친구 만들기 사업을 진행해 효과성을 입증했다(보건복지부·독거노인종합지원센터, 2018). 한편 학계에서는 컴퓨터, 인터넷, 모바일 등 정보통신기술의 활용이 고령층의 심리적 안녕감에 긍정적인 영향을 미친다는 연구 결과가 보고된 적이 있다. 2000년대 초기에는 단순히 디지털 기기의 보유 여부에 대해 논하다가 정보격차가 발생함에 따라, 사용법에 대한 교육 프로그램을 제공한 후 심리적 안녕감의 변화를 살펴보는 연구가 진행됐고, 고령층의 정보통신 기기 활용의 긍정적인 영향력을 확인했다(Chen & Persson, 2002; Shapira 외, 2017).

이와 같은 맥락에서 정부는 고령 사회에서 나타나는 문제 해결을 위해 4차 산업혁명에 대응한 선제적 사회혁신 중 하나로 고령층·취약계층을 돕는 정책 및 기술 개발을 확대하고 있다. 특히 인공지능(AI), 사물인터넷(IoT), 빅데이터(Big data) 등 지능정보기술을 활용해 인간 활동(식사, 배변, 이동 등)을 보조하는 연구를 진행하고 있다. 이러한 기술은 고령층과 장애인 등 취약계층이 겪는 일상의 어려움을 해결하는 것으로 국정운영 5개년 계획에도 포함됐다(국정기획자문위원회, 2017).

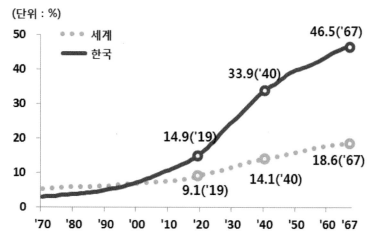

〈그림 1〉 세계와 한국의 고령 인구(65세 이상) 구성비 추이

(단위 : %)

자료: 통계청(2019), 세계와 한국의 인구현황 및 전망

국내에서는 SK텔레콤, LG U+ 등 통신사가 자사의 통신망 및 인프라를 활용해 고령층, 장애인, 저소득층 등 정보취약계층을 돕는 사례가 있다. 최근에는 인공지능 반려 로봇을 만들어 고령층에게 돌봄 및 치매 예방 서비스를 제공하기 위한 노력이 진행되고 있다. 즉, 웨어러블 기기, IoT, 인공지능 스피커 등 지능정보기술을 활용해 고령층의 정신건강을 돕는 돌봄 패러다임의 변화가 일어나고 있는 것이다. 그러나 아직까지 지능정보기술을 활용한 돌봄 서비스와 효과에 대한 연구는 초기 단계이다. 본 장에서는 SK텔레콤이 행복커뮤니티 프로젝트 일환으로 추진하고 있는 인공지능 돌봄 서비스에 대해 살펴보고자 한다. 먼저 인공지능 돌봄 서비스는 무엇인지, 시범사

업에 참여한 독거 어르신의 인공지능 스피커 이용행태는 어떠한지 살펴본 후, 인공지능 돌봄 서비스가 어르신의 생활에 어떠한 변화를 가져왔는지, 나아가 인공지능 돌봄 서비스가 가지는 사회적 의미에 대해 고민하고자 한다.

2. 인공지능 돌봄 서비스

인공지능 돌봄 서비스란 무엇일까? 인공지능을 돌봄 업무에 적용한 것으로 돌봄 서비스의 효율성과 서비스의 질을 개선해 궁극적으로 돌봄이 필요한 이들과 돌봄 역할을 수행해야 하는 이들의 삶의 질을 향상시키는 것을 목표로 한 서비스이다. 예를 들면, 손목시계 형태의 웨어러블 기기를 활용해 수면, 식사, 걷기 등 일상생활 데이터를 수집하고, 이를 분석해 이상 패턴이 감지될 시 가족에게 메시지가 전달되는 체계로 미국의 케어프리딕트(Care Predict)가 대표적이다. 이외에도 만성질환 환자의 약물복용을 돕고 데이터에 기반해 치료를 지원하는 미국 카탈리아 헬스(Catalia Health)의 AI 로봇 마부(Mabu), 대화를 통한 외로움 완화 등의 심리적 안녕감을 제공하는 일본 소프트뱅크(Softbank)의 페퍼(Pepper), 후지소프트(Fujisoft)의 팔로(Palro), 한국의 ㈜스튜디오 크로스컬쳐의 '효돌'과 원더풀플랫폼 '다솜이' 등이 있다. 한국과학기술연구원에서 개발한 '마이봄(MyBom)'은 경증 치매 환자의 일상생활을 돕고 있다. SK텔레콤은 2019년 4월, 독거노인을 대상으로 인공지능 돌봄 서비스를 시작했다. 인공지능 돌봄 서비스는 급증하는 독거노인의 심리적 안녕감을 향상시키기 위한 프로젝트로 SK텔레콤, 지방정부협의회 및 8개의

〈그림 2〉SK텔레콤 인공지능 돌봄 서비스

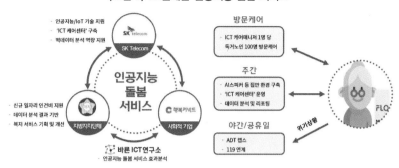

출처: 바른ICT연구소

지방자치단체, 그리고 사회적 기업 행복커넥트가 함께 협력해 운영하고 있다. 〈그림 2〉는 이를 도식화한 것으로 디지털 기기 보급에서 나아가 인공지능, 빅데이터, 사물인터넷 등을 활용한 돌봄 서비스 체계를 구축했다.

2.1 SK텔레콤: 통신 인프라 및 인공지능 스피커 지원

과학기술정보통신부와 한국인터넷진흥원(2019)의 조사에 따르면, 국내 가구 인터넷 접속률은 99.7%로 거의 전 국민이 인터넷을 이용하고 있다. 또한, 3세 이상 인터넷 이용률도 91.5%에 달한다. 그러나 1인 가구의 인터넷 이용 실태를 살펴보면, 60대 이상 1인 가구 인터넷 및 디지털 기기 이용률이 일반 국민 대비 낮은 수준이다. 특히 60대 1인 가구와 70대 1인 가구를 구분했을 때 70대 1인 가구의 인터넷 이용률은 32.5%, 스마트폰 이용률은 28.9%로 현저히 낮은 것으로 나타났다(과학기술정보통신부·한국인터넷진흥원,

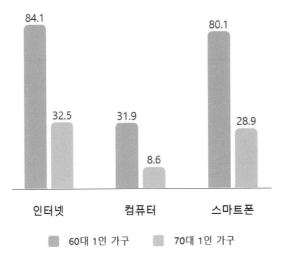

〈그림 3〉 60대 이상 1인 가구 인터넷 및 디지털 기기 이용률

출처: 과학기술정보통신부 · 한국인터넷진흥원(2019)

2019) 〈그림 3〉. 네트워크 기반인 인공지능 스피커를 사용하기 위해서는 사전에 독거 어르신 댁에 인터넷이 가능한 통신 환경 조성이 필요하다는 의미이다. 이와 같은 배경 아래 SK텔레콤은 독거 어르신의 댁에 무선인터넷 기기(포켓파이)와 자사의 인공지능 스피커 '누구 캔들'을 지원했다.

왜 인공지능 스피커일까? 현재 인터넷 이용자의 상당수가 스마트폰을 통해 인터넷에 접속하고 있다. 특정 장소에서 이용할 수 있는 데스크톱, 노트북과 달리 이동의 제약에서 벗어났기 때문이다. 그러나 작은 화면과 터치스크린 기반인 스마트폰은 별도의 학습과 반복적인 경험을 하지 않는 이상 고령층이 이용하기에는 많은 어려움이 따른다. 반면 시각적으로 정보를 제공하고, 손으로 터치해서 계속적인 이용자의 선택을 요구하는 스마트폰과 달리 인공지능 스피커는 대화 형식의 음성 인식을 기반으로 한다는 강점이 있다. 즉, 인공지능 스피커는 스마트폰 이용에 어려움을 겪는 어르신들이 보다 직관적으로 이용하기 쉬운 디지털 기기라 할 수 있다. 인공지능 스피커 역시 스마트폰에 전용 앱을 설치해 사용하는 것이 일반적이지만, 스마트폰 사용이 어려운 독거노인을 대상으로 한 인공지능 돌봄 서비스의 경우에는 스마트폰 앱 활용 없이 음성 명령만으로 사용할 수 있도록 설계됐다.

인공지능 스피커로 할 수 있는 일은 무엇이 있을까? 기본적으로 날씨나 미세먼지, 뉴스 등을 물어볼 수 있고, 알람 기능도 지원한다. 또한 무드등이 가능한 '누구 캔들'로 지원됐기 때문에 조명 기능을 사용할 수 있으며, 적적함을 덜어 드릴 수 있도록 오늘의 운세, 아리아와의 대화 등이 가능하다. 또한 주파수나 방송사 이름을 이야기하면 비용 없이 깨끗한 음질로 라디오를 들을 수 있다. 그러나 인공지능 스피커 기능 중 가장 많이 사용하는 음악 감상 기능, 즉 음악을 듣기 위해서는 음악 콘텐츠 구매가 필요하다. 젊은 세대에게 음원을 구매하는 일은 당연한 일로 자리 잡았지만, 홀로 거주하시는 어르신들에게는 상당히 낯선 개념일 수 있다. 어르신들에게는 음악 콘텐츠의 서비스 인지 여부가 낮을뿐더러 매달 비용을 부담하기란 쉽지 않은 게 현실이다. 이러한 점에 착안해 어르신들이 비용 부담 없이 음악을 즐길 수 있도록 음원 콘텐츠를 지원한 점이 높이 평가되는 대목이다〈그림 4〉. 이외에도 두뇌톡톡, 소식톡톡 등 어르신의 신체적, 심리적 건강을 돕는 콘텐츠를 추가적으로 지원했다. 한편 인공지능 돌봄 서비스의 또 다른 기능인 위급상황에 도움을 주는 긴급 SOS 기능을 다음 단락에서 살펴보고자 한다.

〈그림 4〉 독거 어르신께 제공된 탁상 달력 형태의 가이드

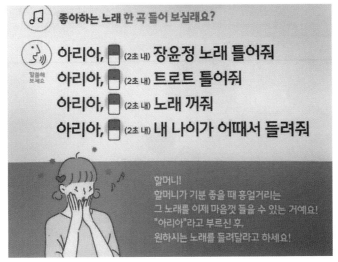

출처: 행복커뮤니티 ICT 케어 센터

2.2 사회적기업 행복커넥트: ICT 케어 매니저 그리고 행복커뮤니티 ICT 케어 센터

인공지능 스피커가 음성인식을 기반으로 한다는 점에서 직관적이라고 하지만 과연 고령 어르신들이 인공지능 스피커를 잘 사용할 수 있을까? 어르신들이 전기료를 아끼려는 생활 습관으로 인해 인공지능 스피커의 전원을 끄는 일도 발생할 수 있다. 이는 인공지능 돌봄 서비스 자체를 불가능하게 한다. 또한 사용 방법이 직관적이지만 네트워크 문제나 시스템 업데이트 시 발생할 수 있는 문제는 어르신들이 돌봄 서비스를 이용하는 데 어려움을 줄

수 있다. 사회적기업 행복커넥트는 이러한 어르신의 인공지능 스피커 활용에 도움을 주는 역할을 한다.

행복커넥트는 ICT 케어 매니저 관리와 ICT 케어 센터 두 가지로 운영한다. 지역 기반의 ICT 케어 매니저는 어르신 댁에 직접 찾아가 인공지능 스피커 사용법에 대해 1:1 맞춤형 교육을 제공한다. 사용하다가 어려움이 있을 경우, 어르신은 담당 ICT 케어 매니저나 ICT 케어 센터에 연락을 취해 도움을 받을 수 있다. 즉, ICT 케어 매니저는 어르신들이 인공지능 스피커를 사용하는 데 어려움을 덜어드리고, 사용을 독려하는 역할을 수행한다. 또한 어르신 생활에 대한 이해와 인공지능 스피커 사용에 대한 의견 파악을

<그림 5> 준고령층 ICT 케어 매니저의 역할

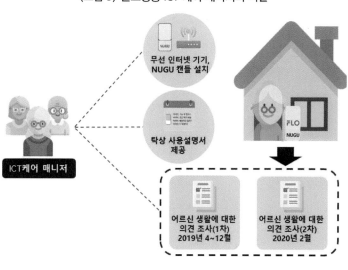

출처: 바른ICT연구소

위해 두 차례 진행된 설문조사의 면접원 역할을 수행한다〈그림 5〉.

또한 ICT 케어 센터 통합 모니터링 시스템에는 인공지능 스피커 사용 여부와 함께 사용 서비스, 주요 명령어 등 사용 이력이 저장된다. 데이터를 통해 간접적으로 안부를 확인하고, 부정적 감정 표현(외로움, 우울 등) 증가 시 심리상담가를 연결하기도 한다. 예를 들면, 어르신의 인공지능 스피커 사용 패턴 모니터링을 통해 어르신이 인공지능 스피커를 24시간 동안 사용하지 않을 경우 '주의', 48시간 동안 사용하지 않을 경우 '경고'라는 메시지를 ICT 케어 매니저의 앱에 보내 전화 또는 방문해 어르신의 안부를 확인한다. 그 밖에도 'SOS', '아리아 살려줘' 등의 음성 명령 인식을 통해 ICT 케어 센터(주간), ADT 캡스(야간·휴일)에 연락을 취해 상황을 확인한 후 위급 상황일 경우 119 등에 연계해 실질적인 도움을 주는 체계로 시범 기간 동안 36명의 어르신을 위험 상황에서 구조했다.

2.3 전국 사회연대경제 지방정부협의회: 일자리 지원 및 인건비 지원

전국 사회연대경제 지방정부협의회는 ICT를 활용한 복지 증진을 통해 지역 주민의 삶의 질 향상을 목표로 한다. 따라서 참여 지자체에서는 인공지능 돌봄 서비스 참여 대상자를 모집했으며, 준고령층을 대상으로 ICT 케어 매니저로 활동할 인력을 모집하고 일자리와 인건비를 지원하는 역할을 수행했다.

3. 인공지능 돌봄 서비스, 그리고 일상의 변화

연세대 바른ICT연구소는 두 차례 설문조사를 통해 인공지능 돌봄 서비스의 효과를 살펴봤다. 327명의 응답자 중 매일 사용한다고 응답한 비율이 70.6%였으며, 일주일에 3회 이상 사용한다고 응답한 비율은 93.9%로 나타났다. ICT 케어 매니저나 ICT 케어 센터를 통해 인공지능 스피커 사용에 대한 문의를 할 수 있고, 사용하는 데 어려움이 있을 경우 도움을 받을 수 있다. 또한 사용을 독려받는다는 점에서 응답자의 인공지능 스피커 사용 빈도가 높은 것으로 판단된다. 한편 인공지능 스피커의 기능 중 응답자의 95.9%가 음악 감상 기능을 사용했으며, 정보검색(83.4%), 감성 대화(61.1%)가 뒤를 이었다(복수 응답).

또한 어르신들은 인공지능 스피커 기반 인공지능 돌봄 서비스 사용 후 통계적으로 유의한 수준으로 날씨, 뉴스 등의 정보검색, 그리고 음악 감상 등 디지털 기기 활용이 증가했음을 확인했다. 이외에도 어르신들은 인공지능 스피커에 대해 이용하기 쉽고, 일상생활에 유용하다고 인식하는 것으로 나타났다.

어르신의 주관적 안녕감의 변화도 확인할 수 있었다. 사전-사후 분석을 한 결과 삶의 만족감이 다소 향상됐으며, 긍정 정서 향상, 부정 정서 및 고독감 감소가 통계적으로 유의한 수준으로 나타났다. 즉, 인공지능 돌봄 서비스 이용이 어르신의 주관적 안녕감에 긍정적인 영향을 미칠 수 있음을 보여준다〈그림 6〉.

이외에도 어르신의 디지털 기기 사용에 대한 긍정적인 태도 변화를 확인

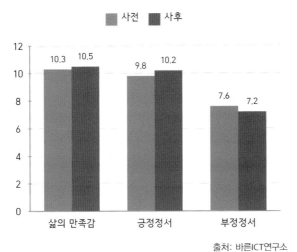

〈그림 6〉 주관적 안녕감 변화

출처: 바른ICT연구소

했다. 디지털 기기에 대한 즐거움과 효능감이 증가했고, 디지털 기기 사용에 대한 불안감이 감소했다〈그림 7〉. 인공지능 스피커를 사용하면서 기기에 대한 두려움이 사라지고, 문제가 생겼을 때 사용법을 문의하는 등 문제를 해결해 나가는 과정을 겪으면서 '잘 할 수 있다'는 효능감이 증가한 것으로 생각된다. 즉, 인공지능 돌봄 서비스는 디지털 인프라에 대한 경제적 지원뿐 아니라 어르신의 효능감 및 주관적 안녕감 향상의 기회를 제공해 삶의 주체성을 회복하는 데 기여한 것으로 판단된다.

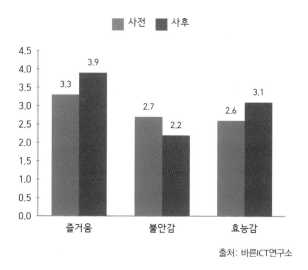

〈그림 7〉 디지털 기기 사용에 대한 태도 변화

출처: 바른ICT연구소

4. 인공지능 돌봄 서비스의 사회적 가치 및 의의

행복커뮤니티 '인공지능 돌봄 서비스'는 지능정보기술(인공지능 스피커, 사물인터넷, 빅데이터), 사람(ICT 케어 매니저), 지원 시스템(행복커뮤니티 ICT 케어 센터) 등 융합 서비스가 독거 어르신의 심리적 안녕감 향상에 긍정적인 영향을 줄 수 있는 가능성을 보여준다〈그림 8〉. 즉 정보통신 인프라 및 콘텐츠 제공, 위기 상황 지원 시스템 등 인공지능 돌봄 서비스의 기획, 운영, 그리고 취약계층에 대한 기업, 지자체, 사회적 기업, 시민들의 관심과 참여가 필수 요소임을 의미한다.

이와 같은 '인공지능 돌봄 서비스' 모델은 보건복지부에서 추진하고 있는

〈그림 8〉 맞춤형 복합 ICT 케어 모델

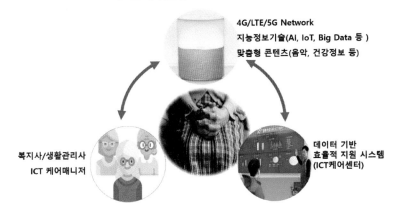

4G/LTE/5G Network
지능정보기술(AI, IoT, Big Data 등)
맞춤형 콘텐츠(음악, 건강정보 등)

복지사/생활관리사
ICT 케어매니저

데이터 기반
효율적 지원 시스템
(ICT케어센터)

출처: 바른ICT연구소

지역사회 통합 돌봄 모델에도 효율성을 향상시킬 수 있을 것으로 기대된다
(보건복지부, 2020). 대표적인 예로 지역사회 통합 돌봄(Community Care) 서비스
가 있다. 이 서비스는 보살핌이 필요한 주민(노인, 장애인 등)이 살던 곳(자기 집,
그룹홈 등)에서 개개인의 욕구에 맞는 서비스를 누리고 지역사회와 함께 어울
려 살아갈 수 있도록 주거 · 보건의료 · 요약 · 돌봄 · 독립생활 지원이 통합
적으로 확보되는 지역 주도형 사회 서비스이다. 독거 어르신은 신체적, 정
신적 기능 약화로 일상생활에 어려움이 있어 상시적인 건강, 안전, 일상생활
지원에 보다 강화된 보호 체계를 필요로 한다. 따라서 기존의 지역사회 보
호 체계로는 급격히 증가하는 독거 어르신의 복지 욕구를 충족시키기 미흡
하다는 점에서 24시간 돌봄 케어가 가능한 인공지능 돌봄 서비스는 돌봄
의 공백을 메울 수 있는 매개가 될 수 있을 것이다. 특정 시점의 단순한 안

부 확인에서 나아가 장시간 홀로 생활하는 어르신의 행동 패턴 모니터링을 통해 이상 패턴을 감지하고 보살핌에 활용해 복지 효율성을 높일 필요가 있다.

인공지능 스피커는 현존하는 기술이며, 컴퓨터, 스마트폰, 돌봄 로봇 대비 상대적으로 경제적이고, 키보드 입력이 아닌 음성 명령 인식 기반이라는 점에서 시력이 안 좋은 어르신에게 맞춤형 기기라 판단된다. 인공지능 스피커는 특별한 활용 역량을 필요로 하지 않는다는 큰 장점이 있으나 인터넷이 가능해야 하며, 이용 방법에 대한 문의가 용이하고, 콘텐츠 비용에 대한 부담 없이 맞춤형 콘텐츠가 제공될 때 높은 활용도를 기대할 수 있을 것으로 판단된다. 특히 긴급 SOS 기능처럼 위급 사항 시 신속하게 대응할 수 있는 체계뿐 아니라 일상생활에서도 돌봄을 받고 있다는 심리적 안정감과 음악, 대화 등 고독감을 절감시킬 수 있는 방안 모색이 독거 어르신의 삶의 질 향상에 기여할 수 있을 것이라 생각된다. 마지막으로 인공지능 돌봄 서비스의 '일상적' 사용이 기기 및 서비스의 친숙도를 향상시켜 위급 상황에서도 더욱 효과적으로 활용될 수 있기를 기대해 본다.

VIII

신종 코로나바이러스(COVID-19) 시대 직장인의 개인 정보 보호 시 고려 사항

장재영(연세대학교 정보대학원)

김범수(연세대학교 정보대학원/바른ICT연구소)

1. 직장인의 개인 정보를 위협하는 신종 코로나바이러스

2019년 12월부터 전 세계를 휩쓸고 있는 신종 코로나바이러스(COVID-19) 감염병의 대유행으로 인해 우리 삶이 커다랗게 변화하고 있다(WHO, 2020). 외부로 나갈 때는 마스크를 착용해야 하고, 내부로 들어갈 때는 체온 측정과 손 소독을 해야 한다. 대중교통의 경우 마스크를 쓰지 않으면 이용이 불가능하다(이재형, 2020). 불과 1년 전만 해도 전혀 상상할 수 없는 삶이 우리 앞에 펼쳐진 것이다. 신종 코로나바이러스 감염병으로 인해 많은 것이 변했지만 개인 정보 측면에서 가장 커다란 영향을 받은 곳 중 하나가 직장인들이다. 신종 코로나바이러스 감염병 이후 직장은 출장이나 회의를 제한해 코로나 확산을 막았다. 원격 및 재택근무를 도입해 외부의 위험에 노출되는 것을 차단한 곳도 늘었다. 직장에 출근하면 발열 체크와 손 소독제 사용은 기본이 됐다. 일부의 경우는 건강 관련 항목에 체크해야 하며, 심한 경우는 위치 정보 앱을 스마트폰에 설치해 건강 상태를 파악하거나 동선을 파악하는 웨어러블 기기를 지급하는 경우도 생겨났다. 직장의 급격한 변화에 더불어 우려가 되는 부분은 신종 코로나바이러스가 잡히더라도 이러한 근무 환경의 변화가 뉴노멀(new normal)로 자리 잡을 것이라는 예측이 지배적이라는 것이다.

　신종 코로나바이러스 대유행 이후 보편화되기 시작한 원격 및 재택근무는 기업에는 직원에 대한 관리 부담 이슈를 안겼고, 직원들에게는 기업의 과도한 관리에 따른 불편을 넘어 개인 정보와 프라이버시 침해 우려를 남겼다. 기업 입장에서는 직원이 직장이라는 관리 가능한 공간에서 근무해도 성과를 정확히 측정하는 것에 일정 부분 한계가 있는데, 자택 등에서 근무하는 경우 직원에 대한 관리나 평가는 더욱 어려울 수밖에 없다. 따라서 기존의 방식보다 더 다양한 방식으로 직원을 모니터링할 유인이 생기는 것이다. 또한 기업의 입장에서는 회사가 직원을 모니터링하고 있다는 것을 인지만 시켜주어도 직원들의 업무 습관을 긍정적으로 바꿀 수 있고, 직원들이 근무에 더욱 집중하게 만들 수 있다는 것을 알고 있다(정용주·김진수, 2020). 더욱이 직장이 합법적으로 직원을 더욱 자세하고 정확히 파악할 수 있으면 직원에 대한 더 많은 데이터를 사용할 수 있어서, 기업은 원격 및 필수 인력 관리, 프로젝트 업무 분배 개선, 업무 프로세스 및 워크플로우 개선, 고객 서비스 향상, 인력 운영 계획 수립, 보안 정책 시행 등 다양한 분야에서 더욱 효율적인 관리를 할 수 있을 것이다(Schawbel, 2020).

　반면 직원들은 회사가 자신을 감시하고 있다는 것을 느끼기 때문에 부자연스럽고, 스트레스를 많이 받을 수밖에 없다. 더욱이 코로나 시대 이전에도 직원들은 기업의 다양한 감시 시스템하에서 불편과 인권 침해를 받아왔다. 그런데 코로나바이러스 유행으로 인해 더욱 많은 감시 도구들이 등장하고,

웹캠을 이용해 개인의 행동 하나하나를 모니터링하고, 위치 측위 시스템으로 근무 시간 외에도 개인을 감시한다면 이는 심각한 기본권 침해임이 분명하다. 더군다나 기업과 직원의 관계를 고려했을 때 직원이 자기 자신을 지킬 방어권과 헌법적 자치인 개인 정보 자기 결정권을 행사할 수 없다면 이는 커다란 사회적 문제임이 분명하다. 더욱 문제인 것은 신종 코로나바이러스 문제가 백신과 치료제 개발로 해결된다고 하더라도 기업이 투자해서 마련한 각종 통제 기제들은 그대로 사용될 가능성이 높다는 것이다. 이러한 기술의 적용은 기업에 종사하는 직원들의 개인 정보 침해를 넘어 천부 인권 침해에 해당할 수 있기 때문에 각별한 주의와 함께 우리 사회의 관심이 요구된다.

또한 기업의 직원 개인 정보 처리 문제는 규제의 영역 안에 있기 때문에 다양한 법률적 고려 요인이 존재한다. 그러나 국내의 개인 정보 보호 관련 법률은 일상적인 상황을 상정하고 법률을 만들어 신종 코로나바이러스와 같은 70년 만에 찾아온 보건 분야의 심각한 위협을 충분히 고려하지 못했다. 예를 들어 현행 『개인정보보호법』에는 인사 · 노무 분야를 별도로 다루고 있지 않다. 노동 문제를 다루는 『근로기준법』, 『노동조합 및 노동관계 조정법』, 『근로자 참여 및 협력 증진에 관한 법률』에도 직원의 개인 정보 보호 관련 내용을 다루고 있지 않다. 『근로자 참여 및 협력 증진에 관한 법률』에는 직원의 건강, 보건, 그 밖의 작업 환경 개선과 직원의 건강 검진과 사업장 내 감시 설비의 설치 경우 노동조합 등 직원 대표가 다루도록 되어 있을 뿐이다. 인사 · 노무 분야의 개인 정보를 다루는 행정안전부와 고용노동부(2015)의 ≪개인정보보호 가이드라인(인사 · 노무 편)≫에도 직원의 건강이나 방역과 관련한 개인 정보를 다루고 있지 않다. 이러한 현상은 전 세계적으로도 유사하다. 국제노동기구나 유럽 연합의 경우도 마찬가지이고 각국의 개인 정보 보호 위원회도 신종 코로나바이러스 유행 상황이라 하더라도 기존의 개인 정보 보호 제도가 요구했던 일반적 보호 수준을 준수할 것을 요구하는 정도의 가이드를 내놓고 있을 뿐이다(정찬모 외, 2003).

새로운 상황의 급격한 출현으로 규제 환경이 변화했음에도 이에 대해 적절한 대응을 내놓지 못하면 규제 대상이 되는 기업은 물론 보호 대상이 되는 직원들도 많은 혼란을 겪을 수밖에 없다. 따라서 기업의 정상적인 기업 활동과 직원의 인권 보호를 위해 신종 코로나바이러스 대유행에 따라 발생한 개인 정보와 프라이버시 보호 이슈들을 빠르게 정비할 필요가 있다.

본 장에서는 신종 코로나바이러스 상황에서 직장에서 증가하는 재택근무 제도와 그로 인한 개인 정보 보호 이슈를 살펴보고, 코로나 예방을 위한 기업들의 활동과 이로 인해 발생하는 개인 정보 보호 이슈를 조사하고자 한다. 이후 국제기구와 각국의 개인 정보 보호 감독기구의 코로나 관련 대응 현황을 알아본 후 코로나로 인한 기업들의 직원 감시 및 코로나 예방 활동으로 인해 발생하는 개인 정보와 프라이버시 이슈를 대응함에 있어서 규제 기구와 직원 또는 노동조합 차원의 고려 요인을 살펴봄으로써 개인 정보 보호 제도 개선을 위한 시사점을 제시하고자 한다.

2. 재택근무 제도 도입에 따른 개인 정보 보호 이슈

신종 코로나바이러스의 급속한 확산 이후 직장에서 발생한 가장 커다란 변화 중 하나가 코로나 확산을 방지하기 위한 기업들의 재택근무 도입이다. 재택근무란 직장인이 회사로부터 부여받은 업무를 자택 등 지정된 장소에서 수행하는 근무 유형을 말하며, 업무의 대부분을 일상적으로 재택에서 수행하는 상시형 재택근무와 간헐적 또는 수시적으로 수행하는 수시형 재택근무로 나눌 수 있다(정용주·김진수, 2020).

재택근무는 기업과 직원 또는 직원을 대표해 노동조합이 결정할 사안이지만 일반적으로 재택근무는 고객과의 대면 접촉이 거의 없거나 특정한 공간이 근무 대상이 되지 않는 경우에 적용이 가능하다. 최근에는 정보통신기술의 발달로 재택근무가 가능한 직무가 증가하는 추세이다. 고용노동부(2020)에 따르면 재택근무가 가능한 경우는 고객(국민)과의 대면 접촉이 거의 없는 업무, 결재·보고가 적은 독립성이 강한 업무 등이 있다고 한다. 반면 재택근무가 불가능한 경우는 해당 업무의 보안 대책이 미흡해 재택근무를 수행하는 경우 심각한 보안 위험이 예상되는 경우, 고객 상담 및 서류접수, 안전점검 등 해당 업무의 수행을 위해 반드시 특정한 장소에 항상 위치해야 하는 경우 등이 있다.

직원이 업무를 하게 되면 근로시간·휴게시간 산정 이슈가 발생한다. 재택근무도 예외가 아니다. 회사가 지정한 사무 공간의 경우 사업장 내에 출근과 퇴근 기록 장치가 존재한다. 그러나 재택근무의 경우 별도의 시설을 설치하기 어렵다. 재택근무자가 9시에 출근해서 18시에 퇴근하는 통상적인 직원인 경우 회사가 전자 메일, 전자 게시판 등으로 직원에게 업무 지시가 가능하다면, 회사가 정한 업무의 시작 및 종료시간, 휴게시간 등의 관리가 가능해 통상적인 근로 시간제의 적용을 받을 수 있다. 이 경우 기업 입장에서는 직원이 실제 근무 시간 동안 근무를 했는지를 확인해야 하는 이슈가 발생한다. 회사라는 물리적 공간에 있으면 직원들의 근무 시간 통제가 용이하지만, 재택은 회사의 통제 범위 밖에 존재하기 때문에 기업 입장에서는 직원이 실제 근무했는지를 파악하고자 하는 감시 욕구가 발생하게 된다(정용주·김진수, 2020). 이 경우 기업은 직원의 개인 정보를 수집하게 되고 이 정보를 기업이 처리함에 따른 『개인정보보호법』 적용 등 컴플라이언스 이슈가 발생하게 된다.

공간적 차이점과 출·퇴근 확인 시설의 설치에 따른 경제적 부담 때문에 회사에서 근무하는 직원과 다르게 재택근무자는 별도의 근태관리가 필요하다. 근태관리의 경우 재택근무 직원의 경우도 근로시간과 휴게시간은 근로기준법, 단체협약, 취업규칙 등이 그대로 적용된다. 따라서 근무 공간은 주거지 등 사적 영역이지만 근무시간 중에는 기업의 승인이 없거나 휴가를 사용하지 않고 근무하는 장소를 임의로 벗어나거나 식당이나 슈퍼 또는 커피숍과 같은 곳에서 사적 용무를 보는 것은 취업규칙이나 복무규정 등에 위반될 수 있다. 또한 재택근무는 '자택'에서 근무하는 성질상 근로시간과 일상생활이 혼재되는 경우가 많으므로 사용자도 재택근무의 특성에서 기인하는 사회통념상 허용될 수 있는 최소한의 활동은 양해할 필요성도 존재한다. 업무에 지장이 없는 선에서 간헐적으로 아픈 가족이나 유아를 돌보는 것 등이 이에 해당할 수 있다(고용노동부, 2020). 직원이 가지는 휴게시간의 사용과 자율성의 정도는 『근로기준법』 및 개별 노사가 체결한 단체협약 또는 재택근무 관련 규정이나 신청서의 부기 사항에 따라 다를 수도 있다.

고용노동부(2020)는 재택근무자의 복무 관리를 위해 취업 규칙 등에 규정을 신설할 것을 권고하고 있다. 권고(안)를 살펴보면 다음과 같다. "재택근무자는 출·퇴근 시간 등 복무 사항을 준수해야 하며, 승인권자는 필요한 경우 유선 등을 통해 근무 상황을 확인할 수 있다. 재택근무자는 업무 수행 중 개인적인 사정을 이유로 임의로 근무 장소를 이탈할 수 없으며, 자택 또는 신청한 근무지 이외의 장소에서 근무가 필요한 경우에는 사전에 회사의 승인을 받아야 한다. 다만 관리자의 사전 승인을 얻는 것이 곤란한 경우에는 근무지 변경 후 즉시 관리자에게 보고해야 한다. 재택근무자는 재택근무 수행 중 긴급 상황 발생 시 회사에 이를 즉시 보고하고 적절한 지시를 받아 대처해야 한다. 재택근무자는 업무 계획 및 실적을 전자적인 방법으로 주 몇 회 이상 회사에 보고해야 한다"라는 등의 규정을 두도록 권고하고 있다. 고용노동부의 권고는 기업의 입장을 기준으로 작성한 것으로 개별 노사의 단체협약에 따라 다를 수도 있다.

재택근무자가 자택에서 근무하는 경우 기업이 직원에 대한 복무 관리의 물리적 한계로 인해 복무와 관련한 다양한 이슈가 발생할 수 있다. 기업이 재택근무자의 근태 관리를 목적으로 GPS(Global Positioning System)로 재택근무자의 위치를 추적하는 이슈가 대표적이다. 『위치 정보의 보호 및 이용 등에 관한 법률』 제15조에 따르면 정보 주체의 동의를 얻지 않은 위치 정보의 수집을 금지하고 있다. 따라서 재택근로자로부터 위치 정보(GPS 등)를 수집하기 위해서는 사전에 △수집·이용 목적, △수집항목, △정보 보유·이용 기간, △동의 거부 가능 사실 등을 해당 노동자에게 고지한 후 직원의 동의를 받아야 한다. 『개인정보보호법』 제15조 제2항에도 같은 내용의 규정을 두고 있다. 또한 재택근무자에게 동의를 받을 경우 회사는 직원에게 동의를 강요해서는 안 된다.

3. 신종 코로나바이러스로 인한 직장인의 개인 정보 권리 침해 사례

신종 코로나바이러스의 대유행 이후 기업이 직원에 대한 감시를 강화하면서 기업에서는 직원의 프라이버시 또는 개인 정보 문제가 심각하게 제기되고 있다. 기업의 직원에 대한 감시 우려 문제는 신종 코로나바이러스 대유행 이전에도 문제가 됐지만 신종 코로나바이러스 이후 직원 감시의 일상화와 불필요한 개인 정보의 과도한 수집 및 위치 정보와 같은 민감정보의 수집 등으로 인해 더욱 증가하고 있다.

3.1 감시의 일상화

기업들은 코로나바이러스 대유행 이후 코로나바이러스 확산 방지 기술과 직원의 근로 감시 기술을 도입하고 있다. 코로나바이러스 확산 방지 기술로는 공장이나 물류 작업장, 사무실과 같은 물리적 공간에서 동료들 사이에 코로나바이러스 감염 확산을 막기 위한 접촉 추적 기술이 있다. Amazon

의 경우 작업자들이 서로 너무 가까이 서 있는 경우 실시간으로 경고하는 시스템을 시범 운영하고 있다. 직원의 거리를 측정하는 기술로는 스마트폰에 설치된 통신 기술인 Bluetooth, Wi-fi, GPS 등이 있다. 이러한 기술들은 위치 측정 오차가 많이 발생한다는 단점이 있다. 거리 측정의 정확도는 Bluetooth, Wi-Fi, GPS 순이다. 여러 기술적 어려움에도 불구하고 주요 기업들이 코로나바이러스 양성 판정자와 밀접하게 접촉한 직원을 식별하기 위해 관련 기술을 테스트 중이다. 또한 직원의 위치 파악 기술로는 직원들이 책상에 있는지를 모니터링하는 웹캠도 활용 가능하다(Schawbel, 2020).

신종 코로나바이러스 확산으로 인해 직원에 대한 모니터링 기술은 더욱 정교해지고 있고 산업에서 적용하는 사례도 늘고 있다. 코로나바이러스 확산 방지 등 건강 관련 각종 직원 감시 도구들이 향후 직원에 대한 상시적 감시 강화 용도로 확대될 수도 있다. 이 경우 기업들이 향후 공중 보건 용도를 넘어 직원의 생산성을 평가하고, 회의 진행 현황이나 근무 행태 감시 등의 용도로 활용할 수 있을 것이다. 따라서 직원들에 대한 감시는 더욱 증가할 것으로 보이며, 코로나바이러스가 종식된다 하더라도 기술이 회사에 주는 장점을 고려했을 때 직원을 대상으로 한 감시는 지속적으로 강화될 것으로 보인다. 실제로 Castillo(2020)에 따르면 △코로나바이러스 확산 이래 기업의 16%가 직원 모니터링을 위해 이 같은 디지털 감시 소프트웨어를 주문했으며, △관련 서비스 제공 업체들은 기존 고객들로부터 감시 소프트웨어에 대한 라이센스 주문이 40% 증가했다고 한다. 따라서 향후 직원의 프라이버시와 개인 정보 보호 우려는 증가할 수밖에 없을 것이다.

3.2 동의 없는 개인 정보의 수집

기업이 직원의 개인 정보를 수집하는 경우 법령에 따라 동의를 받는 것이 전 세계적으로 일반적이다. 그러나 일부 국가의 회사들은 직장에서 근무하는 직원에게 아무런 사전 고지나 통보 없이 직원의 위치 등을 추적해 정보를 수집하고 있다. 미국의 경우 조지 플로이드 살인사건으로 사회적 불안이 심각하게 제기되자 구글은 노동권 보호를 위해 단체 행동을 조직하던 직원 감시 도구를 개발한 것으로 추정된다(Schawbel, 2020). 이 도구는 직원 컴퓨터에 동의 없이 자동으로 프로그램을 내장해 회의실에 10~100명 규모가 모여 있는 경우 같은 공간에 있는 직원들의 정보를 자동으로 회사의 시스템에 집적되게 만든 것으로 추정하고 있다. 미국의 구글과 달리 영국의 바클레이 은행은 직원들이 업무를 종료하는 데 걸리는 시간과 책상에서 근무 시간을 모니터링하는 도구를 사용했다. 영국은 미국보다 사생활에 관한 더 엄격한 법을 적용하기 때문에 바클레이 은행은 11억 달러의 벌금을 물게 된 것으로 알려졌다(White, 2020).

현재 코로나바이러스 확진자 파악 및 기업의 직원 감시를 위해 동의 없는 개인 정보 수집은 지속되고 있다. 또한 이러한 현상은 코로나바이러스 피해가 증가하면 증가할수록 심할 수밖에 없다. 특히 한국의 경우 관련 법률에 따라 확진자의 위치 정보는 물론 신용카드 정보까지 강제로 확인하고 있다. 기업과 직원 간의 경우, 양자 간의 수직적 관계를 고려했을 때 기업 입장에서 필요하다면 반강제적으로 직원의 개인 정보를 수집할 가능성도 내포하는 것이다. 이와 같은 문제는 전 세계적으로 아직 팬데믹 상황에서 개인 정보 보호에 대한 제도와 절차가 체계적으로 정비될 때까지 지속될 것으로 보인다. 특히 국내의 경우 직원의 개인 정보는 규제와 보호의 사각지대에 있다고 볼 수 있으므로 그 심각성이 더 크다고 할 수 있다.

3.3 기업의 과도한 직원 정보 수집

신종 코로나바이러스 대유행 이후 가장 커다란 변화 중 하나는 기업이 직원의 건강 정보를 수집한다는 점이다. 많은 회사는 직원들에게 매일 열이나 기침 증상 등을 제출하도록 요구하고 있다. 어떠한 경우는 간단하게 답을 체크하는 수준의 질문이지만, 어떠한 경우는 아주 세분화된 증상 관련 데이터를 수집하고 있다. 문제는 기업이 수집하는 정보가 많으면 많을수록 신종 코로나바이러스와 무관한 질환이나 치료 부작용 등을 감지하는 데 사용할 수 있다는 점이다. 신종 코로나바이러스 대유행 이후 기업들은 이메일, 소셜 미디어 포스트, 생체 인식 데이터 수집, 회사 차량의 GPS 추적, 줌이나 전화 통화 기록, 보안 카드 판독기, 음성 메일, 인터넷 검색 활동, 마우스 동작, 키보드 스트로크, 보안 카메라, 센서 등을 포함한 광범위한 직원 데이터를 수집하고 있다. Arlington(2020)의 연구에 의하면 고용주는 다수의 직원 의료 데이터(41%), 직원 이동 데이터(26%), 업무용 컴퓨터 사용량(20%)을 수집하고 있다고 한다. 아울러 코로나로 인해 기업은 직원의 건강 정보까지 수집함에 따라 직원의 직장 생활뿐만 아니라 사생활까지도 재구성할 수 있게 될 것이라는 점에 의심의 여지가 없다.

3.4 개인의 위치정보 수집

세계보건기구(World Health Organization, WHO)는 코로나바이러스의 확산 방지를 위해 사람과 사람 간의 간격을 약 6피트(2미터) 이상 유지할 것을 요구하고 있다. 현재 다수의 기업은 직원들 사이의 감염 위험을 탐색하기 위해 실험적인 기술을 찾고 있다. 어떠한 기술은 코로나바이러스에 감염된 직원과 유사 시간대에 동선이 겹치는 직원을 찾는 데 유용하고, 어떠한 기술은 사람 간의 간격을 일정 거리 이상 유지하는 것을 목표로 하고 있다. 이러한 위치 관련 기술들은 잠재적 감염자를 줄이기에는 용이하나 현재의 기술 수준으로는 정확한 위치 계산이 쉽지 않다는 한계가 있다. 현재 신종 코로나바이러스와 관련해서 개인의 위치를 수집하는 대표적인 앱으로는 ProtectWell과 Check-In이 있다.

3.4.1 ProtectWell

ProtectWell은 직원이 자신의 건강 상태에 대한 정보를 기업에 보고하도록 만든 앱이다. 이 앱은 마이크로소프트가 미네소타에 위치한 영리 의료 회사인 유나이티드 헬스(United Health)와 협력해 개발한 프로그램으로 직원들에게 맞춤형 건강 설문 조사를 실시할 수 있도록 만들었다. 또한 ProtectWell은 마이크로소프트의 건강관리 봇을 이용해 제출한 증상이 어떠한 질병과 관련이 있는지 진단도 가능하다. 직원이 건강상의 위험에 처했을 경우 회사에 결과를 직접 제공할 수도 있다.

ProtectWell에서 관리하는 정보는 『건강보험 이전과 책임에 관한 법』에 정의된 건강 정보로 간주되지 않는다. 따라서 개인 정보 보호 규정과 정책 등의 보호를 받지 못한다. 또한 개인 정보 보호 정책상에는 유나이티드 헬스가 직원의 동의 없이 직원이 응답한 결과와 검진 결과를 회사와 공유할 수 있다. 더욱이 마이크로소프트와 유나이티드 헬스는 ProtectWell 앱을 직원들에게 배포하지만 직원들이 앱을 선택할 권한이 있는지와 자신을 고용한 회사나 유나이티드 헬스가 아닌 제3의 기관이나 기업에 직원의 정보가 얼마나 광범위하게 제공되는 지가 명확하지 않다는 문제점이 있다(Schawbel, 2020). 따라서 ProtectWell은 직장 건강 프로그램과 관련된 많은 개인 정보와 프라이버시 문제를 야기할 수 있다(Digital Rights Program, 2020).

3.4.2 Check-in

또 다른 예로는 PwC(Price Waterhouse Cooper)가 직원의 위치 정보 확인을 위해 개발한 Check-in이 있다. PwC는 대부분의 기업이 직원을 추적할 수 있는 프로그램과 시스템이 갖추어져 있지 않다는 점에 주목해 고객들에게 GPS를 활용한 직원 위치 추적 서비스를 생산성 모니터링 툴과 함께 제공한다. 직원이 자신의 스마트폰에 앱의 다운로드를 완료하면 이 앱은 Wi-Fi, Bluetooth, GPS 기능을 작동시켜 어느 직원이 밀접하게 접촉했는지 추적하고, 스마트폰의 GPS 신호를 이용해 직원이 언제, 어디에 있는지 파악할 수 있다.

PwC의 Check-in 서비스는 자신들이 스스로 밝힌 바와 같이 목적 달성을 위한 정보보다 과도한 정보를 수집할 수 있고, 위치 정보는 사무실 밖도 추적할 수 있다. 더욱 문제인 것은 직원에게 위치 추적 기능에 대한 정보를 제공하지 않고 있다는 점이다. PwC는 수집된 위치 정보는 신종 코로나바이러스 환자와 근접했을 가능성이 있는 직원의 추적 및 관리 목적이라고 밝히고 있지만 PwC가 회사와 직원 자신의 건강 데이터를 공유하기 전에 해당 직원의 동의를 구하지 않는다는 점에 문제가 있다. 또한 기업에서 직원과 회사의 역학관계를 고려했을 때 기업이 직원의 위치 정보를 요구하는 경우 직원이 이를 거절하기 쉽지 않다는 점도 문제이다.

위치정보 기술은 코로나바이러스에 대한 기업의 통제를 강화시킨다는 장점이 있다. 반면 직원 입장에서는 개인의 민감한 위치가 적나라하게 노출되는 문제가 있다. 특히 근무 시간 이외의 시간에도 위치 정보가 수집될 수 있고, 직장 밖에서의 직원의 움직임도 수집될 수 있어 심각한 사생활 침해와 직원 감시 문제가 발생할 수 있다는 점에서 문제의 심각성이 크다 하겠다.

직원의 위치 추적 장치는 〈표 1〉과 〈표 2〉에 정리된 바와 같이 직원이 직접 착용하는 웨어러블 기기와 별도의 하드웨어 기기 형태로 구분 가능하다.

〈표 1〉 직원의 위치 추적 장치 – 웨어러블 기기

앱	동작 방법	사용자
AiRSTA Flow	Bracelets use Bluetooth to track interactions.	In talks with hundreds of companies, and historically a big set of clients has been prisons
Blackline Safety	Wearables plus an app used for contact tracing.	Emergency response business
CarePredict	Wearables track location and time of contact in a centralized dashboard for nursing home staff and residents.	Several nursing homes, e.g. the Legacy at Town Square in Austin, TX

앱	동작 방법	사용자
CenTrak	Radio-frequency identification(RFID)-enabled lanyards worn by workers provide time and location data to track if workers are taking health precautions(e.g. washing their hands).	Already installed in 1,700+ facilities
Estimote	GPS location tracking and Bluetooth contact tracing; collected information is centrally stored and displayed on a health dashboard that "provides detailed logs of possible contacts."	Unclear, but past clients of the company include Amazon, Apple and Nike
Ready for Work(Fitbit)	Wearable feeds health information into app along with self-reported symptom information for employers to decide who is cleared for work.	Undisclosed
Rombit	Bracelets beep if not social distancing.	Belgian ports(thousands of workers)
PointGrab	Cameras and sensors track distance between people and whether good hygiene is being practiced.	Companies including Philips and Mitsubishi
Proximity Trace(Triax)	Wristbands notify wearer if within 6 feet of another worker and track contact for exposure tracing.	Undisclosed
Safezone	Wristbands notify workers if they're too close together and give contract tracing notifications.	New York Knicks, Chicago Bulls, Paris St Germain; Eintracht Frankfurt (Bundesliga); "major automotive manufacturer in Germany and a food manufacturer in the US"
TraceSafe	Bracelet with an embedded chip and related software to track the wearer's location.	Hong Kong immigration quarantine program; Toronto Wolfpack Stadium
TraceTag	logged for contact tracing in the event of a conformed COVID-19 case on site.	Gilbane Building Company
Universal Contact Tracing(Microshare)	Workers wear wristbands or badges to track contact with other workers.	Many different settings, no specifics disclosed.

출처: Digital Rights Program, 2020

〈표 2〉 직원의 위치 추적 장치 – 하드웨어 기기(카메라, 센서 등)

앱	동작 방법	사용자
Distance Assistant(Amazon)	Camera feeds to monitor, showing a live stream of workers augmented by 6 foot circle, for workers to see if they are social distancing.	Will be made open source
Health Pass by CLEAR	Users need to upload personal health documents, including test results for COVID−19; upon entering office, users go through facial recognition scanning, take a real−time health quiz, and provide proof of their previous COVID−19 test by scanning a QR code.	In talks with restauranteur Danny Meyer(25 restaurants and Shake Shack) and New York Mets
KastleSafeSpaces	Touchless technology, integrating virus−screening and contact tracing processes.	Monday Properties(national real estate investment and development company)
MotionWorks Proximity(Zebra)	Proximity sensing with user−level alerting and contact tracing.	Zebra's own distribution centers in the Netherlands
NICE Alliance	Working to make cameras interoperable with capabilities for detecting social distancingface mask use and temperature.	"Pushing for adoption by elevator management firms… discussion is underway with the city of Tel Aviv to monitor public transportation and schools" still in trial and will be rolled out to early adopters in the Fall5
Nodle M1	Device tracks distance and notifies workers with a buzz when they get too close to one another; supposedly more precise than smartphone−based solution, and without the need for location.	Says they have "received interest from large enterprises in the U.S. and Europe for several million units", but doesn't specify
Pop ID	Scans body temperature for those who want to enter; face payment for no contact transactions; replace key cards by automatically unlocking doors for workers whose faces are recognized.	CaliBurger(international restaurant chain with seven locations in the U.S.6); Subway franchise owners(about 50 restaurants)

출처: Digital Rights Program, 2020

4. 신종 코로나바이러스로 인한 개인 정보 관련 해외 동향

4.1 국제기구

4.1.1 국제노동기구(ILO : International Labour Union)

2020년 3월 27일 국제연합(United Nations, UN) 산하의 국제기구인 국제노동기구는 신종 코로나바이러스 발생에 따른 위기 대응을 위해 산업안전보건, 작업 준비, 특정 범주의 근로자 보호, 차별 해소, 사회보장은 물론 작업 공간과 환경에서의 노동자의 프라이버시 보호에 대한 기준인 ILO 기준과 신종 코로나바이러스에 대한 FAQ(ILO Standards and COVID-19 FAQ – Key provisions of international standards relevant to the evolving COVID-19 outbreak)를 발표했다. 이 FAQ에서는 건강에 대한 감시와 관련해서 '직장에서의 보건 서비스 권고(Occupational Health Services Recommendation, 1985년(제171호))'에 따라 직원의 프라이버시를 보호하고 이를 보장해야 한다는 것을 다시 한번 확인시킴으로써 신종 코로나바이러스 대유행 상황에서도 직원의 개인 정보와 프라이버시가 신종 코로나바이러스 대유행 이전과 동일하게 보호돼야 한다는 점을 다시 한번 강조했다.

4.1.2 유럽연합 동향

유럽연합의 개인 정보 보호 이사회(European Data Protection Board, EDPB, 2020)는 코로나바이러스 확산 기간 중 개인 정보 처리에 대한 공식 성명(Statement on the processing of personal data in the context of the COVID-19 outbreak)을 채택했다. 성명에는 신종 코로나바이러스 감염 사태라는 예외적인 상황이라고 하더라도 데이터 컨트롤러와 데이터 프로세서는 개인 정보 주체의 개인 정보를 충분히 보호해야 한다고 밝혔다. 이에 따라 데이터 컨트롤러와 데이터 프로세서는 개인 정보의 적법한 처리를 위해 신종 코로나바이러스 유행 기간에도 모든 조치는 개인 정보 보호법의 일반 원칙에 따라 처리돼야 한다고 지적했다. EDPB의 성명은 개인의 위치 정보 및 건강이나 신종 코로나바이러스 정보의 처리 문제와 고용주가 직원들에게 건강 관련 정보를 요구하는 경우 개인 정보 보호의 일반 원칙에 따라 해당 개인정보들이 보호돼야 함을 강조했다.

유럽연합의 개인 정보 보호 자문 기구인 EDPS(The European Data Protection Supervisor)는 2020년 3월 19일 EU 직원들의 고용주로서 유럽연합 기관들(EU institutions, EUIs)은 신종 코로나바이러스 확산에 적절한 대응을 위한 가이드라인(Orientations from the EDPS. Reactions of EU institutions as employers to the COVID-19 crisis)을 발표했다. 이 가이드라인에서는 원격 작업 도구, 직원 관리, 직원의 건강 데이터 처리, 정보 주체의 열람권 요청 방법을 구체적으로 설명했다. 이 가이드라인에 따르면 유럽연합 기관들은 개인 정보 수집 최소화 원칙을 준수하고, 민간 기업 등으로부터 정보시스템 등 새로운 제품이나 재택근무 등에 필요한 원격 업무 기술 등을 도입하는 경우 직원들의 개인 정보가 적절하게 보호될 수 있는 도구를 선택할 것을 명시했다. 또한 신종 코로나바이러스의 확산이라는 전 세계적인 위기 상황이라 하더라도 개인 정보 주체의 권리 행사가 제한될 수 없고 유럽의 개인 정보 보호 규정 제25조에 따라 개인 정보는 적절하게 보장돼야 하며, 정보 주체의 권리를 제한하는 내용이

명문화되어 있지 않는 한 정보 주체의 권리를 침해할 수 없음을 명시하고 있다.

4.2 유럽 각국의 동향

4.2.1 독일

독일의 개인 정보 감독기구인 DSK(German Data Protection Conference)와 LfDI BaWü(Baden-Württemberg Commissioner for Data Protection and Freedom of Information)는 2020년 3월 13일 성명서를 발표했다. 성명서에서는 신종 코로나바이러스 확산과 관련한 규제 사항을 FAQ 형식으로 다루었다. 이 성명서는 독일의 개인 정보 보호기구(DPA)들이 신종 코로나바이러스가 독일에서 심각하게 확산되는 위기 상황에서도 독일 기업들이 신종 코로나바이러스의 확산 방지 조치 중에도 기업의 방지 활동이 개인 정보 보호 규정을 위반할 수 없음을 강조했다는 점에 의의가 있다(Heinzke & Engel, 2020).

또한 2020년 3월 16일에는 LfDI RLP(Rhineland-Palatinate Commissioner for Data Protection and Freedom of Information)는 신종 코로나바이러스 확산과 관련해 문제가 되는 직원의 개인 정보 보호에 관한 내용을 온라인에 게시했다. 이들 감독기구는 기업이 신종 코로나바이러스 확산 방지를 위해 직원 또는 고객의 데이터를 수집·공개·공유할 수 있는 경우와 허용 범위 등에 대한 지침을 제시했다. 한편 고용주는 감독기구들의 의견을 참조해 개인 정보의 처리와 관련한 조치 내용 및 데이터 보호 평가 현황의 문서화, 개인 정보의 수집 및 처리 목적 달성 즉시 데이터 삭제, 수집된 데이터의 무단 열람을 방지할 수 있는 적절한 보호조치 시행의 필요성 등을 설명했다.

4.2.2 프랑스

프랑스의 개인 정보 보호 감독기구 CNIL(Commission nationale de l'informatique et des libertès)은 코로나바이러스 진단 결과 기록 시스템인 'SI-DEP'와 접촉자 식별 및 관리 도구 'Contact Covid'의 이용 관련 규정(안)에 대한 의견을 제시했다. CNIL에 따르면 개인 정보 보호와 보안에 대한 일정 조건이 충족되는 경우 해당 시스템이 GDPR을 준수하는 것으로 간주했다. 다만 'SI-DEP'와 'Contact Covid'의 민감성을 고려해 개인 정보 보호를 위한 추가적인 보증이 필요하다는 입장을 밝혔다. 예를 들어, 두 개의 신종 코로나바이러스 대응 시스템은 데이터를 최소한으로 수집해야 하며, 시스템에 엄격한 접근 권한을 부여해야 하고, 정보 주체의 권리 보호 등 법령의 내용을 명확히 준수할 것으로 요구했다. 또한 'SI-DEP'와 'Contact Covid' 시스템의 데이터베이스를 조회하는 조사관과 분석 인력, 의사, 약사, 연구원과 같은 전문가들에 대한 적절한 교육 및 개인 정보의 오남용 탐지 및 처벌을 위한 로그 보관 등 오남용 발생 시 행위자를 추적할 수 있는 시스템의 구축을 요구했다.

또한 CNIL은 신종 코로나바이러스 증상을 모니터링하거나 접촉자를 추적하기 위해 고용주가 직원의 데이터를 수집할 때 준수해야 하는 사항에 대한 가이드라인을 제시했다. CNIL에 따르면 고용주는 원격근무와 같은 조직 차원의 조치나 직장 내에서의 각종 위험 방지 조치 등 고용주가 법적 · 계약상의 의무를 이행하기 위해 직원의 개인 데이터를 처리하는 것이 가능하다고 규정했다. 이 경우 고용주가 직원의 발열 여부 확인을 위한 체온 측정 데이터를 파일로 보관하거나 자동 체온 측정 도구를 설치하는 것은 데이터 보호 규정의 적용 대상이 되나, 데이터 파일의 생성 없이 작업장 입구에서 수동으로 온도를 측정하는 경우는 개인 정보 보호 규제 대상에서 제외했다. 한편 고용주가 처리하는 데이터의 보안 및 기밀성은 어떠한 경우에도 보장돼야 하며 보건당국이 권한 범위 내에서 상황에 맞게 조치를 취할 수 있도록 신종 코로나바이러스 관련 증상 및 특정 대상자의 최근 이동 현황 정보를 수집하는 것은 적법하다는 점도 확인했다.

4.2.3 영국

영국의 개인 정보 보호 감독기구 ICO(Information Commissioner's Office)는 코로나바이러스 대유행 기간 동안 ICO의 제도 운영에 대한 문서(document setting out our regulatory approach)를 배포했다. 이 문서는 2020년 4월 처음 작성했다가 7월에 재개정했다. ICO는 코로나바이러스 유행 상황에서 기존의 개인 정보 보호 제도가 요구했던 일반적인 수준의 기준을 준수하지 못하고 ICO가 처리해야 할 기한 내에 정보 권리 요청(information rights requests)을 처리하지 못할 가능성을 우려했다. 다만 코로나바이러스라는 비정상적인 상황의 발생으로 인한 업무 지연은 법률이 허락하는 범위 내에서 융통성을 보일 것임을 밝혔다. ICO는 기업의 개인 정보 보호 준수 여부를 판단하는 기준으로 GDPR을 준수하고 GDPR 준수 여부를 증명할 수 있어야 함을 명시했다. 또한 기업 내에서 건강 정보를 처리하고자 한다면 새로운 위험 영역에 초점을 맞춘 DPIA(Data Protection Impact Assessment)를 실시할 것을 요구했다.

또한 ICO는 2020년 6월 17일 신종 코로나바이러스 확산 방지를 위한 이동 제한 조치 등이 완화되기 시작하는 시점에서 기업이 따라야 할 6가지 데이터 보호 조치(Coronavirus recovery-six data protection steps for organizations)를 제시했다. 6가지 조치는 ① 필요한 데이터만 수집·이용할 것, ② 데이터 최소화 원칙을 준수할 것, ③ 수집된 직원 데이터를 명확하고 개방적이며 정직한 태도로 유지할 것, ④ 공정성을 보장할 것, ⑤ 개인 정보의 안전성을 확보할 것, ⑥ 직원 자신의 정보 보호 권리 행사를 보장할 것이 포함됐다. ICO는 감염질환의 확산 상황에서 규제 적용 방식과 코로나바이러스 진단과 관련한 개인 정보 보호 이슈가 제기됨에 따라 6가지 원칙을 코로나바이러스 확산과 대응 환경에 맞춰 가이드를 제시했다.

4.2.4 미국

미국은 독립적인 개인 정보 보호 기구가 없기 때문에 직원의 개인 정보에 대한 정부 차원의 성명이나 FAQ 등을 내놓지는 않았다. 다만 기업이 직원 건강 정보를 다루면서 규제 공백 발생을 우려하는 목소리가 미국의 시민사회단체에서 나왔다(Rodrizuez&Windwehr, 2020; Digital Rights Program, 2020). 미국의 시민사회단체들은 신종 코로나바이러스 대유행 이후 직원의 건강 정보를 기업이 대량으로, 그리고 과도하게 수집하는 점을 우려했다.

기업이 직원의 건강 정보를 수집하는 것은 『건강보험 이전과 책임에 관한 법』의 규제 공백 문제를 야기했다. 『건강보험 이전과 책임에 관한 법』의 규제 대상은 의료 사업자 및 의료 사업 관계자로 국한된다. 따라서 일반 기업은 직원의 건강 정보를 가지고 있다 하더라도 『건강보험 이전과 책임에 관한 법』에 따른 규제 대상에 포함되지 않는다. 반면 유럽연합의 경우 일반 데이터 보호 규정(GDPR)에 따르면 근로자의 건강과 관련된 개인 데이터는 건강 상태와 관련한 모든 데이터를 의미하며, 과거, 현재 또는 미래의 신체적 또는 정신 건강 상태와 관련된 정보를 모두 포함한다. 따라서 유럽에서는 직원의 건강 정보라 하더라도 기업에 강력한 보호 의무가 있다. 이러한 규제의 차이는 건강 정보가 개인의 중요한 민감 정보임을 고려할 때 문제가 됨을 의미했다(Castillo, 2020).

5. 직원의 개인 정보 보호 시 고려 사항

신종 코로나바이러스로 인한 개인 정보 보호 이슈로는 크게 감시의 일상화, 동의 없는 개인 정보의 수집, 기업의 과도한 직원 정보 수집, 개인의 위치정보 수집 문제가 제기됐다. 따라서 위의 문제들에 대한 개선 사항을 개인 정보의 라이프사이클(lifecycle)인 수집 · 이용 · 제공 · 파기를 고려해 제시하고자 한다.

5.1 감시의 일상화 방지 방안

어느 조직이든 사회든 위기가 발생하면 감시를 강화한다. 신종 코로나바이러스의 경우도 마찬가지이다. 국가가 코로나바이러스 감염자를 찾기 위해 국가의 방역 수단을 모두 동원하고, 개인 정보나 프라이버시 침해 우려가 일부 있다 하더라도 공익을 강조하면서 코로나 감염자와 밀접 접촉자 파악을 위해 개인의 위치 정보와 신용카드 사용 내역을 확인하는 등에서 이러한 사실을 잘 알 수 있다.

기업의 경우도 다르지 않다. 기업도 코로나바이러스 감염에 대비해 사내의 직원 위치를 파악하고, 직원의 이동을 제한시키는 조치를 취했다. 또한 재택근무자의 경우 실제 재택근무를 하고 있는지 웹캠으로 감시하거나 위치 정보를 조회하는 등의 방법을 사용했다. 이러한 감시는 기업이 위기 상황을 극복하기 위한 것이 목적이지만 직원에 대한 상시적 감시 도구로 활용될 수 있다는 측면에서 우려가 있다. 실제 많은 전문가들은 코로나바이러스 방역의 일환으로 감시 도구를 가동한 기업들이 향후 코로나 감염 방지와 사전 예방, 사후 조치를 넘어 직원의 업무 태도를 파악하고, 생산성을 평가하기 위한 수단을 활용할 수 있다는 점에 우려를 표하고 있다.

기업이 직원 개인에 대한 감시를 일상화하는 것은 개인 정보 자기 결정권을 넘어 인간의 존엄과 가치, 행복추구권을 해하는 것이므로 엄격하게 규제돼야 한다. 우리나라 헌법재판소에서도 「헌법」 제17조의 사생활의 비밀과 자유에 의하여 보장되는 개인 정보자기결정권은 자신에 관한 정보가 언제 누구에게 어느 범위까지 알려지고 또 이용되도록 할 것인지를 그 정보 주체가 스스로 결정할 수 있는 권리라고 규정하고 정보 주체가 개인 정보의 공개와 이용에 관해 스스로 결정할 권리임을 밝히고 있다. 그러나 기업과 직원의 관계와 노동조합의 약한 교섭력과 함께 기업 활동의 보호에 초점이 맞추어져 있는 노동 관련 제도와 행정기관의 태도를 감안했을 때, 기업으로부터 직원의 개인 정보를 보호하는 것은 쉽지 않아 보인다.

우선 기업은 직원을 채용한 목적과 이를 달성하기 위한 직원 근로 감독권이 있기 때문에 재택근무자뿐만 아니라 직장 내에 있는 직원의 감시 등을 막을 수 있는 원천적인 방법은 없어 보인다. 다만 감시의 일상화는 과도한 개인 정보 수집에 해당하므로 과도한 개인 정보 수집을 방지하기 위해 근무 시간 외에 직원의 개인 정보와 위치 정보를 수집하지 못하도록 하는 것은 가능해 보인다. 또한 개인을 감시하는 경우 감시 장비가 무엇인지와 어떠한 방식으로 감시를 하고, 개인의 업무 처리 결과와 보고 시기를 회사와 직원 또는 노동조합이 합의하는 것도 고려할 수 있어 보인다. 이 경우 노동조합이 기업과 단체 협약 또는 노사 합의를 진행해 직원의 방어권을 보호할 필요가 있다. 현행『근로자 참여 및 협력 증진에 관한 법률』에 따르면 사업장 내 감시 시설의 설치는 노사 협의회를 개최해 근로자 대표와 협의하도록 되어 있다. 따라서 노사 협의회를 개최해 감시의 일상화를 막는 것도 방법이 될 수 있다. 다만 이 경우에도 사업장의 범위를 두고 이견이 있을 수 있다는 점은 고려 요인이다. 또한 감시의 경우『개인정보보호법』제16조에 따라 개인 정보 최소 수집 원칙과 입증 책임을 들어 회사의 직원 정보 수집 목적과 수집하는 정보의 타당성을 검토할 필요가 있다. 재택근무 중인 직원의 근무 여부를 파악하기 위해 위치 정보와 웹캠을 동시에 사용하는 것은 개인 정보 최소 수집의 원칙에 위배되기 때문에 이를 문제 삼을 수도 있어 보인다.

정부의 입장에서는 직원 감시의 적정성을 보장하기 위해 가이드를 마련할 필요가 있다. 현재 직장 내의 감시 문제는 시민사회단체에서 심각하게 다루는 사안이다. 또한 불법적인 감시로 인해 법적 문제가 발생한 사례도 있다. 그럼에도 불구하고 현재 관련 부처인 고용노동부나 행정안전부, 개인 정보호위원회 등에서는 감시의 일상화는 사안의 민감성에도 불구하고 크게 관심을 두지 않고 있는 실정이다. 따라서 개인 정보 보호 전문기관인 한국 인터넷진흥원에서 관련 실태 조사나 가이드라인을 만드는 것도 고민해 보아야 할 것이다.

5.2 직원 개인 정보 수집 시 고려 사항

코로나바이러스 환경에서 기업은 두 가지 종류의 개인 정보를 수집할 필요가 있다. 첫째는 코로나 확진자로부터 기업 보호를 위한 직원의 건강 정보이다. 이것은 기업의 경영 활동의 보호를 넘어 직원의 건강과 안녕을 도모한다는 측면에서 기업의 의무이기도 하다. 둘째는 재택근무 등의 경우 기업이 요구한 업무를 정해진 장소에서 수행 여부를 파악하기 위한 위치 정보이다. 현행『개인정보보호법』이나 행정안전부와 고용노동부(2015)가 발행한 ≪개인정보보호 가이드라인(인사·노무 편)≫는 코로나바이러스 상황을 고려하지 않았기 때문에 직원의 개인 정보 보호와 관련해서는 고려해야 할 사항이 많이 있다. 아래에서 구체적인 사항을 논하고자 한다.

5.2.1 직원 건강 기록의 수집 동의

현재 대부분의 기업은 직원 정보를 수집함에 따라 발생하는 법적 기술적 부담을 우려해 직원의 발열 상태는 확인하지만 별도로 저장은 하지 않고 있다. 기업이 직원의 발열 상태 또는 기침 증상 등『개인정보보호법』제23조에 따른 민감 정보를 수집하는 경우 규제 이슈가 발생하기 때문이다. 더불어 직원의 건강 정보 수집이 『개인정보보호법』제15조의 개인 정보 수집 및 이용에 대한 동의 예외 사항인 정보 주체와의 계약의 체결 및 이행을 위해 불가피하게 필요한 경우와 개인 정보처리자의 정당한 이익을 달성하기 위해 필요한 경우로 명백하게 정보 주체의 권리보다 우선하는 경우(이 경우 개인 정보처리자의 정당한 이익과 상당한 관련이 있고 합리적인 범위를 초과하지 아니하는 경우에 한한다.)에 해당한다 하더라도 별도의 동의를 받아야 하는 문제가 있다.

또한 코로나바이러스를 방지하기 위한 기업의 활동에 정보 주체의 권리보다 우선하는가 에 대한 사회적인 합의가 현재까지는 없으므로 이에 대한 추가적인 검토가 필요해 보인다. 또한 직원의 개인 정보 보호를 위해서는 『산업안전보건법』이나 『진폐의 예방과 진폐근로자의 보호 등에 관한 법』과 같은 다른 법률의 관계와 내용을 검토할 필요도 있어 보인다. 다만 『산업안전보건법』 등은 재해 발생 가능성이 높은 일부 산업에 적용하기 위한 법률로 일반적인 바이러스 대유행 상황에 적용하기에는 한계가 일부 있는 것도 사실이다. 위에서 기술한 고려 사항을 차치하더라고 수집한 개인 정보는 이용과 제공 및 관리에 대한 법적 의무가 부과된다. 따라서 기업이 직원의 개인 정보를 수집한 경우 법령에 따른 보호 조치와 제3자 제공 시 관련 조항을 준수해야 한다. 또한 코로나바이러스의 잠복기가 2일에서 14일로 알려져 있으므로 14일이 경과할 경우 지체 없이 직원의 건강 정보를 파기해야 한다는 것도 고려해야 한다.

5.2.2 재택근무자 등의 개인 정보 수집 동의

현재 대부분의 기업이 직원의 건강 기록을 수집하지 않으려 노력하는 것과 반대로 많은 기업들은 직원들이 업무를 집중해서 수행하는지 모니터링을 위해 직원의 재택근무 관련 정보를 적극 수집하고 있다. 현재 재택근무가 직원과의 고용 유지를 위한 계약의 체결 및 이행을 위해 불가피한 경우인지 여부와 사용자의 정당한 이익을 달성하기 위해 필요한 경우인지를 검토할 필요가 있다. 다만 근로 행위와 근로 행위에 대한 관리 감독은 『개인정보보호법』상의 개인 정보 수집 동의 예외 항목인 정보 주체와의 계약의 체결 및 이행을 위해 불가피하게 필요한 경우에 해당할 수 있어 보인다. 다만 이러한 경우라도 직원의 개인 정보 이슈가 발생한 초기임을 감안해 가급적 재택근무 명령서를 작성할 때 개인 정보 수집 동의를 받는 것이 기업과 직원 간의 분쟁을 방지하는 데 효과적일 것으로 판단된다.

5.3 기업의 과도한 직원 정보 수집

신종 코로나바이러스 대유행 상황에서 정상적인 기업 활동과 직원의 건강과 안전을 지키기 위한 활동은 사회적으로 바람직하다. 그러나 기업의 직원 개인 정보 수집에서 우려하는 부분은 기업이 필요 이상 직원의 개인 정보를 수집하고, 직원의 노동조합 설립이나 노동청 고발 등의 방지 목적으로 이용할 수 있다는 것이다. 특히 현재 기업은 직장 내의 CCTV(Closed Circuit Television), 출입 기록, 이메일, 업무 처리 시스템을 통해 직원의 업무를 모니터링하고 있다. 그러나 현재까지도 기업은 직원의 업무 성과를 정확히 파악하고 있다고 보기에는 어려움이 있다. 따라서 기업 입장에서는 직원의 개인 정보를 좀 더 수집하고자 하는 유인이 생길 수밖에 없다. 반면 직원을 대표하는 노동조합이나 직원의 입장에서는 회사의 감시로 인해 직원의 자유와 인권이 과도하게 침해되는 것을 방지하려 할 것이다. 이런 상황에서 신종 코로나바이러스 상황을 극복하기 위해 기업이 도입하는 새로운 관리 도구를 무턱대고 반대하기도 쉽지 않아 보인다. 따라서 역설적으로 신종 코로나바이러스는 소비 위축과 수출입의 감소로 기업의 경영을 어렵게 하지만, 반대로 직원들에 대한 통제는 더욱 용이하게 만드는 환경이 조성되고 있다. 특히 이전에는 기업이 영업 사원의 차량이나 스마트폰에 앱을 설치해 직원의 위치를 확인하는 것은 직원과 노동조합의 반감이 상당했다. 그러나 코로나 시대에는 직원이 일정 거리를 유지하고, 한 곳에 다수가 모이지 못하도록 직원의 밀집도를 낮추고, 코로나 확진자가 발생한 경우 동선을 파악해야 할 필요성이 발생했다. 이러한 상황은 기업이 직원의 위치 정보 등을 수집하는 정당성을 부여하는 결과를 초래해 기업의 직원 개인 정보에 대한 과도한 수집 문제를 야기하고 있다.

현행 법률에서는 기업의 직원 개인 정보 수집을 폭넓게 인정하는 상황에서 기업의 과도한 직원 정보 수집을 막을 수 있는 방법은 기업이 개인 정보를 수집할 때 필요 최소한의 수집 원칙을 지켰는지를 확인하는 것이 있다. 현재 개인 정보 최소 수집 원칙의 입증책임은 개인 정보처리자인 기업에 있다. 또한 기업이 수집한 정보 중에 고유 식별정보 및 건강 등과 관련한 민감 정보가 포함되어 있는지도 확인 후 민감 정보가 포함된 경우『개인정보보호법』에 따라 별도의 동의를 받았는지도 확인할 필요가 있다. 또한 위치 정보를 수집한 경우『위치정보의 보호 및 이용 등에 관한 법률』에 따라 수집 동의를 받았는지도 확인할 필요가 있다. 회사를 상대로 직원 자신의 개인 정보 수집 여부를 확인하는 것은 회사와 직원 간의 계약 관계를 고려했을 때 쉽지 않을 것이다. 따라서 회사에 노동조합이 결성된 경우 노동조합이 대표로 회사가 직원의 개인 정보를 과도하게 수집하는지를 확인하는 것도 고려할 필요가 있어 보인다.

현행 노동관계 규정에 따르면 직원의 과반수를 구성하는 노동조합의 경우 단체협약에 따른 자료 제출 요구권 및 단체 교섭권을 가지고 있다. 따라서 집단적 노사관계 하에서 노동조합의 권한을 활용하는 것이 가장 좋은 방법이 될 수 있다. 또한 노동조합이 『근로자 참여 및 협력 증진에 관한 법률』에 따른 노사협의회를 개최해 회사의 과도한 직원 정보 수집 문제를 다루는 것도 가능해 보인다.

5.4 개인의 위치정보 수집

신종 코로나바이러스 대유행 이후 기업은 물론 정부 차원에서 가장 관심이 많은 개인 정보는 바로 위치 정보이다. 코로나 확진자를 파악해 동일한 공간에 있었던 사람을 신속하게 찾아내는 것이 코로나바이러스 확산을 막는 가장 효과적인 방법이기 때문이다. 또한 다수의 사람들이 모이지 못하도록 개인의 위치를 통제하는 이동 제한과 같은 극단적인 제도를 정부가 도입하고 있기 때문이기도 하다. 기업 입장에서도 코로나바이러스 확산 이후 직원의 위치를 통제하고자 하는 노력을 적극적으로 기울였다. 대표적인 것은 직원의 스마트폰에 위치 정보 관련 앱을 설치하거나 웨어러블 기기를 지급하는 것이다.

직원의 위치 정보는 기업 입장에서 직원을 통제할 수 있는 가장 중요한 정보이지만, 개인의 입장에서는 회사가 자신의 위치 정보를 수집한다는 것을 알면 생활이 상당히 위축될 수밖에 없다. 과거 모 기업이 노동조합을 결성하려던 직원들의 휴대전화를 복제 후 위치를 추적해 사회적 물의를 빚은 것이 대표적인 사례가 있다(정환봉, 2018). 특히 기업 입장에서는 노동조합 활동을 터부시하는 정서가 있으므로 직원이 노동조합을 결성하려고 하면 관련이 있어 보이는 직원들의 위치 정보를 추적해 뜻을 같이하는 사람들을 관리 및 회유·협박에 악용할 수도 있다. 또한 기업 입장에서 마음에 들지 않는 직원의 경우 해당 직원이 근무지를 이탈하는 것을 파악하면 문제 삼아 징계를 줄 수 있는 중요한 정보가 되기도 한다.

따라서 기업의 직원에 대한 위치 정보는 엄격히 통제돼야 한다. 더욱이 위치 정보의 수집은 근무 시간이 아닌 근무 외의 시간에도 조회가 된다는 특징이 있다. 따라서 기업이 직원의 위치를 추적하는 경우는 기업이 근무 시간에 한정할 수 있도록 제3자가 관리하거나 제3의 기관이 관리 감독해야 한다. 또한 근무 시간 외에는 위치를 파악할 수 없도록 위치정보 서비스 제공자 등이 기술적 수단을 제공해야 한다. 특히 위치 정보가 집적되는 프로파일링이 가능해진다. 따라서 위치 정보는 수집 목적이 달성되면 즉시 파기해야 한다. 코로나바이러스 감염의 잠복기는 최대 2주이므로 이 기간이 넘으면 즉시 파기해야 하며, 재택근무의 확인 등을 위해서는 최소한의 기간을 정해 놓고 기한이 도래하면 즉시 파기해야 한다.

6. 직장인의 개인 정보가 보호되기를 바라며

전 세계를 휩쓸고 있는 신종 코로나바이러스 감염병으로 인해 기업은 방역을 위해 직원의 건강 기록을 수집하기 시작했고, 직장을 보호하기 위해 직원을 재택근무 시키면서 기업은 개인 정보 수집과 위치 정보 수집 이슈를 야기했다. 회사가 직원에 대한 감시를 강화하고 개인 정보와 위치 정보는 물론 민감 정보에 해당하는 건강 정보를 수집함에 따라 신종 코로나바이러스 대유행 이후 감시의 일상화, 동의 없는 개인 정보의 수집, 기업의 과도한 직원 정보 수집, 개인의 위치 정보 수집 문제가 발생했다. 특히 건강 정보와 위치 정보를 수집하기 위해 기업은 ProtectWell과 같은 앱은 물론 Check-in 과 같은 웨어러블 기기들을 속속 출시하고 있다. 기업의 이러한 활동의 증가는 직원의 프라이버시 및 개인 정보 보호 문제를 심각하게 발생시켰다.

국제기구 및 각국의 개인 정보 보호 감독기구들은 신종 코로나바이러스 감염병 대유행 상황에서도 기존의 개인 정보 보호 제도가 후퇴할 수 없음을 천명하고, 기업들에 개인 정보 보호 수준을 현행과 같이 유지할 것을 요구했다. 그러나 미국에서와 같이 기업이 직원의 건강 정보를 수집하는 행위를 규제할 근거가 부족하다는 점을 발견하는 등 일부 문제점이 발견되기도 했다.

본 장에서는 전 세계인 신종 코로나바이러스 감염병 대유행 상황에서 발생한 개인 정보 침해 가능성과 각국의 개인 정보 보호 감독기구 등의 규제 현황을 토대로 국내에 법적, 제도적 또는 직원과 노동조합 차원에서 대응이나 고려해야 할 사항에 대한 시사점을 제시하고자 했다. 법적, 제도적인 측면에서는 현행 법률이 직원의 건강 정보에 대한 구체적인 보호 체계를 가지고 있지 못하므로 조속히 관련 규정 등을 정비할 필요성을 제기했고, 회사로부터 직원을 보호하기 위해서는 직원을 대표하는 노동조합이 직원의 감시를 최소화하고, 개인 정보나 위치 정보의 수집을 목적 범위 내에서 달성할 수 있도록 기업과 함께 제도를 정비할 필요성과 방향을 제시했다. 이를 통해 직장 내에서 상대적 약자일 수밖에 없는 직원의 개인 정보와 프라이버시가 최소한 신종 코로나바이러스 감염병 발생 이전 수준으로 보호될 수 있고 직장 내의 직원 감시가 최소화될 수 있기를 기대해 본다.

참고문헌

Ⅰ. 신종 코로나바이러스(COVID-19) 확산 방지를 위한 ICT의 역할에 대한 탐색적 국가 간 비교 분석 연구

Arcgis. (2020). COVID-19 Dashboard by the Center for Systems Science and Engineering (CSSE) at Johns Hopkins University (JHU). *Arcgis*. https://gisanddata. maps.arcgis.com/apps/opsdashboard/index.html#/bda7594740fd40299423467b48e9e cf6.

Atalan, A. (2020). Is the lockdown important to prevent the COVID-19 pandemic? Effects on psychology, environment and economy-perspective. *Annals of medicine and surgery*, 56, 38-42.

Athey, S., & Stern, S. (2002). The Impact of Information Technology on Emergency Health Care Outcomes. *RAND Journal of Economics*, 33(3), 399-432.

Center for Disease Control and Prevention (CDC). (2020). First Global Estimates of 2009 H1N1 Pandemic Mortality Released by CDC-Led Collaboration. *Center for Disease Control and Prevention*. https://www.cdc.gov/flu/spotlights/pandemic-global-estimates.htm.

Chan, J., & Ghose, A. (2014). Internet's dirty secret: assessing the impact of online intermediaries on HIV transmission. *MISQ Quarterly*, 38(4), 955-975.

Choudhury, P., Koo, W. W., & Li, X. (2020). Working (From Home) During a Crisis:

Online Social Contributions by Workers During the Coronavirus Shock. *Working Paper*. https://papers.ssrn.com/sol3/papers.cfm?abstract_id=3560401.

Ghose, A., Li, B., Machab, M., Sun, C., & Foutzc, N. (2020). Trading Privacy for the Greater Social Good: How Did America React During COVID-19?. *Working Paper*. https://papers.ssrn.com/sol3/papers.cfm?abstract_id=3624069.

Greenwood, B., & Agarwal, R. (2016). Matching Platforms and HIV Incidence: An Empirical Investigation of Race, Gender, and Socio-Economic Status. *Management Science*, 62(8), 2281-2303.

Miller, A., & Tucker, C., (2011). Can Health Care Information Technology Save Babies?. *Journal of Political Economy*, 119(2), 289-324.

Sun., Shujing., Lu, Susan. F., & Rui, H. (Forthcoming). Does Telemedicine Reduce Emergency Room Congestion? Evidence from New York State. *Information Systems Research*.

Tucker, C., & Yu, S. (2020). The Early Effects of Coronavirus-Related Social Distancing Restrictions on Brands. Working Paper. https://papers.ssrn.com/sol3/Papers.cfm?abstract_id=3566612.

World Health Organization. (2020a). Summary of probable SARS cases with onset of illness from 1 November 2002 to 31 July 2003. *World Health Organization*. https://www.who.int/csr/sars/country/table2004_04_21/en/.

World Health Organization. (2020b), MERS situation update, January 2020. World Health Organization. http://www.emro.who.int/health-topics/mers-cov/mers-outbreaks.html.

II. 스마트폰에 갇힌 청소년: 스마트폰 과의존 고위험군의 추세와 특성, 그리고 자살 경향성과의 관계

강민정, 이명순. (2014). 청소년들의 우울 및 자살관련 행태와 스마트폰 사용과의 관련성. *보건교육건강증진학회지*, 제31권 제5호, 147~158.

김병년. (2013). 대학생의 자기통제력과 스마트폰 중독 간의 관계에서 우울의 매개효과. *한국가족복지학*, 제39권, 49~81.

김병년, 고은정, 최홍일. (2013). 대학생의 스마트폰 중독에 영향을 미치는 요인에 관한 연구: 중독 위험군 분류에 따른 차이를 중심으로. *한국청소년연구*, 제24권 제3호, 67~98.

김성훈. (2018. 3. 12). SNS 유해성 논란 전세계 확산... 영국, 13세 미만 SNS 사용 금지 법제화한다. *월간조선*. https://monthly.chosun.com/client/Mdaily/daily_view.asp?Idx==3377&Newsnumb=2018033377.

김세희, 김민. (2014). 청소년이 지각한 SNS 특성과 사이버 집단지성 유형별 참여정도 간의 관계에서 심리사회적 특성의 매개효과. *청소년학연구*, 제21권 제10호, 363~390.

김재엽. (2014). TSL 가족치료와 가족복지. 학지사.

김재엽, 곽주연. (2017). 청소년의 스마트폰 중독과 인터넷 유해매체 노출이 성폭력 가해행동에 미치는 영향. *한국청소년연구*, 제28권 제4호, 255~283.

김재엽, 장대연, 황선익. (2018). 청소년의 부모-자녀 간 부정적 의사소통이 스마트폰중독에 미치는 영향과 우울의 매개효과. *한국가족복지학*, 제23권 제3호, 419~439.

김재엽, 최윤희, 장대연. (2019). 청소년의 온라인·오프라인 중복학교폭력피해 경험이 자살 행동에 미치는 영향: 부모-자녀 간 긍정적 의사소통 (TSL)의 조절효과 검증. *학교사회복지*, 제45권, 107~133.

김재엽, 황현주. (2015). 청소년의 스마트폰 중독이 자살생각에 미치는 영향: 자기통제력의 매개효과 검증. *한국청소년연구*, 제26권 제4호, 59~84.

김재엽, 황현주. (2016). 아동학대가 스마트폰 중독에 미치는 영향: 우울의 매개효과 검증과 성별 간 다집단 분석. *한국아동복지학*, 제53호, 105~133.

김현진, 박효정, 안해정. (2016). 스마트폰·인터넷 중독과 우울, 공격성, 사회적 관계,

학교폭력 경험 간의 다중집단 경로 분석. *교육학연구*, 54, 77~104.

문종훈, 송이슬, 성현용. (2019). 2017 년 청소년 건강행태온라인조사를 활용한 청소년의 스마트폰 과사용으로 인한 주관적 건강과 행복, 신체활동 및 정신건강에 대한 연구. *한국엔터테인먼트산업학회논문지*, 제13권 제8호, 515~524.

박병금, 노필순. (2007). 우울에 따른 청소년의 자살생각 관련변인: 우울청소년과 비우울청소년의 집단비교를 중심으로. *정신건강과 사회복지*, 제26권, 168~193.

박주나, 전종설. (2013). 부모의 양육태도가 중학생의 휴대전화의존에 미치는 영향: 자아존중감의 매개효과를 중심으로. *사회복지 실천과 연구*, 제10권, 127~159.

서미란. (2010). 고등학생의 스마트폰 과의존과 이용동기가 학교적응에 미치는 영향. 아주대학교 교육대학원 석사학위논문.

강국진. (2018. 4. 26). 우울한 청소년... 사망 원인 1위 자살. *서울신문*. https://www.seoul.co.kr/news/newsView.php?id=20180427012004.

서인균, 이연실. (2017). 청소년기 스마트폰 중독이 자살생각에 미치는 영향: 사회적 지지의 조절효과. *미래청소년학회지*, 제14권, 69~89.

사회부경찰팀. (2017. 05. 21). [벼랑 끝에 선 사람들] 자살 부추기는 SNS · 인터넷. *세계일보*. https://www.segye.com/newsView/20170521001891.

송향주. (2012). 중년여성의 정신건강 및 신체건강 향상을 위한 TSL 프로그램 효과 : 뇌생명사회과학적 검증. 연세대학교 대학원 박사학위논문.

스마트쉼센터. (2019). 생애주기별 스마트폰 과의존 예방 가이드라인 및 매뉴얼.

여성가족부. (2020). 2020년 인터넷스마트폰 이용습관 진단조사.

여종일. (2014). 외로움, 가족응집성, 가족갈등, 부모-자녀 의사소통이 청소년의 스마트폰 과몰입증상에 미치는 영향. *한국가족관계학회지*, 제19권 제3호, 175~192.

엘리트학생복. (2018. 3. 22). 너는 어때? 10대 SNS 활용 실태. https://blog.naver.com/myelite1318/221234566121.

오경자, 이혜련, 홍강의, & 하은혜. (1997). 아동 청소년 행동평가 척도. 서울: 중앙적성출판사.

이근영. (2013). 가정폭력 노출청소년의 정신건강 증진과 공격성 감소를 위한 TSL 프로그램 효과 연구 : 의생명사회과학적 관점을 중심으로. 연세대학교 대학원 박사학위

논문.

이어리, 이강이. (2012). 부모요인, 친구요인, 심리적 요인이 초등학생의 중독적인 휴대전화 사용에 미치는 영향. *아동교육*, 제21권 제2호, 27~39.

이진석. (2014). 직장 TSL 프로그램의 다중역할 충실화와 정신건강 및 신체건강 향상 효과 : 기혼 남성근로자에 대한 의생명사회과학적 검증. 연세대학교 대학원 박사학위 논문.

장근영. (2010). 정보속으로: 특집; 인터넷 중독의 이해. *지역정보화*, 제61권, pp. 20~25.

장용언. (2018). 대학생의 스마트폰 중독이 자살행동에 미치는 영향: 자아정체감의 매개효과 검증. *청소년문화포럼*, 103~125.

정보통신정책연구원. (2019). 2019년 한국미디어패널조사.

정숙희, 김재영, 류수정, 신성만. (2015). 기독 대학생의 스마트폰 중독과 자살생각의 관계에서 대인관계 문제의 조절 효과. *한국기독교상담학회지*, 제26권 제4호, 243~273.

최남순. (2013). 초등학생의 스마트폰 중독과 관련된 변인 : 부모양육태도, 자존감, 사회성. 경남대학교 교육대학원 석사학위논문.

한국정보화진흥원. (2019). 스마트폰과의존실태조사.

Achenbach, T. M., & Edelbrock, C. (1991). Child behavior checklist. *Burlington (Vt)*, 7, 371-392.

Bian, M., Leung, L. (2015). Linking loneliness, shyness, smartphone addiction symptoms, and patterns of smartphone use to social capital. *Social science computer review*, 33(1), 61-79.

Choi, K. H., & Kim, J. Y. (2016). Evaluation of the TSL® Program for Parents of Children With Cancer. *Research on Social Work Practice*, 28(2), 146-153.

Fisher, H. L., Moffitt, T. E., Houts, R. M., Belsky, D. W., Arseneault, L., & Caspi, A. (2012). Bullying victimisation and risk of self harm in early adolescence: longitudinal cohort study. *Bmj*, 344, e2683.

Harlow, L. L., Newcomb, M. D., & Bentler, P. M. (1986). Depression, self-derogation, substance use, and suicide ideation: Lack of purpose in life as a mediational factor.

Journal of clinical psychology, 42(1), 5-21.

Kim, J. Y., Kim, D. G., & Nam, S. I. (2012). TSL Family Therapy Followed by Improved Marital Quality and Reduced Oxidative Stress. *Research on Social Work Practice*, 22(4), 389-399.

Kim, H. J., Kim, J. Y., & Kim, D. G. (2016). Thank You, Sorry, Love"(TSL) Therapy With North Korean Refugee Women: A Pilot Study. *Research on Social Work Practice*, 26(7), 816-824.

Kwak, J. Y., Kim, J. Y., & Yoon, Y. W. (2018). Effect of parental neglect on smartphone addiction in adolescents in South Korea. *Child Abuse & Neglect*, 77, 75-84.

Raab, V. C. (2000). Multiple risk factors in adolescent suicide: A meta-analysis of the published research. University of Calgary.

Royal Society for Public Health. (2017. 3. 19). #StatusofMind. https://www.rsph.org.uk/our-work/campaigns/status-of-mind.html.

Young, K. S. (1996). Psychology of computer use: XL. Addictive use of the Internet: a case that breaks the stereotype. *Psychological reports*, 79(3), 899-902.

Ⅲ. 신종 코로나바이러스(COVID-19)가 직장인의 모바일 행동에 미치는 영향

고용노동부. (2016). 2016년 일 · 가정 양립 실태조사.

김성훈. (2020.3.27.). 코로나19로 '실직 공포'…직장인 절반이상 "고용 불안 느낀다". 국민일보. http://news.kmib.co.kr/article/view.asp?arcid=0014414446&code=61141411&sid1=eco.

노정연. (2020.5.2.). 외식사진 올렸다가 비난 세례…'코로나 블루', 이제 심리방역이 필요하다. 경향신문. http://news.khan.co.kr/kh_news/khan_art_view.html?artid=202005021204001&code=940100#csidx24c6a331165818eac4cc0d30c103592.

노진실. (2020.4.15.). 라이프- 코로나19가 불러온 불청객 '코로나 블루', 극복법은?. 영남일보. https://www.yeongnam.com/web/view.php?key=20200415010002274.

박상용. (2020.6.9.). '유럽의 줌'픽십…화상회의 보안 강화로 美·獨서 돌품. 한국경제. https://www.hankyung.com/international/article/2020060984951.

박소현. (2020.8.11.). 美 생산성 앱 '노션' 상륙… 협업툴 시장 후끈. 파이낸셜뉴스. https://www.fnnews.com/news/202008111801273483.

배준용. (2020.8.10.). 우울증 급증, 37만명이 상담 받았다. 조선일보. https://news.chosun.com/site/data/html_dir/2020/08/10/2020081000230.html?utm_source=naver&utm_medium=original&utm_campaign=news.

서동일, 홍석호. (2020.8.23.). "두 번 실수는 없다"…'경험치' 쌓은 기업들, 코로나 선제 대응. 동아일보. https://news.naver.com/main/read.nhn?mode=LSD&mid=sec&sid1=101&oid=020&aid=0003304816.

유근형, 곽도영. (2020.6.7.). SK, 언택트 파격 실험…"회사 대신 집 근처 오피스로 출근". 동아일보. https://news.naver.com/main/read.nhn?mode=LSD&mid=sec&sid1=101&oid=020&aid=0003290498.

이지영. (2020.8.18.). 코로나 재확산 우려에…네이버·11번가 등 IT·유통업계 재택근무 돌입. 중앙일보. https://news.naver.com/main/read.nhn?mode=LSD&mid=sec&sid1=101&oid=025&aid=0003026903.

장우리. (2020.7.6.). 코로나19로 디지털 중독 위험↑…'언택트' 시대의 초상. 연합뉴스. https://www.yna.co.kr/view/AKR20200705038200004?input=1195m.

홍다영. (2020.8.13.). 16만 中企 재택근무한다…중기부, 기업당 400만원 지원. 조선비즈. https://news.naver.com/main/read.nhn?mode=LSD&mid=sec&sid1=101&oid=366&aid=0000570853.

Ashford, S. J., Lee, C., & Bobko, P. (1989). Content, cause, and consequences of job insecurity: A theory-based measure and substantive test. *Academy of Management Journal*, 32(4), 803-829.

Brockner, J., Grover, S., Reed, T. F., & Dewitt, R. L. (1992). Layoffs, job insecurity, and survivors' work effort: Evidence of an inverted-U relationship. *Academy of Management Journal*, 35(2), 413-425.

Chan, R. (2020, May 1) Amazon's cloud generated over $10 billion in net quarterly sales for the first time ever — up 33% from a year ago. *Business Insider*. https://www.businessinsider.com/amazon-earnings-aws-amazon-web-services-10-billion-quarterly-revenue-2020-4.

Eurostat. (2020). https://ec.europa.eu/eurostat/.

Hadden, J., Casado, L., Sonnemaker, T., & Borden, T. (2020, August 18). 20 major companies that have announced employees can work remotely long-term. *Business Insider*.https://www.businessinsider.com/companies-asking-employees-to-work-from-home-due-to-coronavirus-2020.

Kelly, J. (2020, May 24). Here Are The Companies Leading The Work-From-Home Revolution. *Fobes*. https://www.forbes.com/sites/jackkelly/2020/05/24/the-work-from-home-revolution-is-quickly-gaining-momentum/#3096e6281848.

Microsoft Azure. (2020, March 28). Update #2 on Microsoft cloud services continuity. https://azure.microsoft.com/en-us/blog/update-2-on-microsoft-cloud-services-continuity/.

Moorhead, P. (2020, May 20a). AWS, COVID-19, And The Need For Speed In Time Of Crisis. *Fobes*. https://www.forbes.com/sites/moorinsights/2020/05/20/aws-covid-19-and-the-need-for-speed-in-time-of-crisis/#59fa6fdf7ad8.

Moorhead, P. (2020, June 22b). Cisco Updates Webex Video Conferencing For The Age Of COVID-19. *Fobes*. https://www.forbes.com/sites/moorinsights/2020/06/22/cisco-updates-webex-video-conferencing-for-the-age-of-covid-19/#3a375c55524a.

O'Halloran, J. (2020, April 7). Coronavirus: Soaring collaboration app uptake sees home workers clock on for longer hours. *Computer Weekly*. https://www.computerweekly.com/news/252481231/Coronavirus-Soaring-collaboration-app-uptake-sees-home-workers-clock-on-for-longer-hours.

Oreg, S., Bartunek, J. M., Lee, G., & Do, B. (2018). An affect-based model of recipients' responses to organizational change events. *Academy of Management Review*, 43(1), 65-86.

Pearson, C. M., & Clair, J. A. (1998). Reframing crisis management. *Academy of Management Review*, 23(1), 59-76.

Schmidt, G. B. (2014). Virtual leadership: An important leadership context. *Industrial and Organizational Psychology*, 7(2), 182-187.

Schaller, M., & Park, J. H. (2011). The behavioral immune system (and why it matters). *Current directions in psychological science*, 20(2), 99-103.

S&P Global. (2020, March 26). Slack user growth jumps amid COVID-19 crisis. https://www.spglobal.com/marketintelligence/en/news-insights/latest-news-headlines/slack-user-growth-jumps-amid-covid-19-crisis-57779106.

Soltero, J. (2020, April 29). Google Meet premium video meetings—free for everyone. *Google*. https://www.blog.google/products/meet/bringing-google-meet-to-more-people/.

U.S. Bureau of Labor Statistics. (2019). Workers who could work at home, did work at home, and were paid for work at home, by selected characteristics, averages for the period 2017 - 2018. *U.S. Bureau of Labor Statistics*. https://www.bls.gov/news.release/flex2.t01.htm.

IV. 신종 코로나바이러스(COVID-19) 사태 이후 LEAD 산업(Luxury, Entertainment, Art and Design)의 Untact 서비스 진화방향

강준호, 김화섭, 김재진 (2013). 스포츠시장 신분류 작성 원리와 활용방안. *KiET 산업연구원*.

김유경. (2003). 오뜨꾸뛰르 아동복 디자인 연구: 테마파크 이미지 표현을 중심으로. 이화여자대학교디자인대학원 석사학위논문.

김지연, 황상민. (2009). 한국 사회의 명품 소비자 유형과 소비 특성: 가치 소비로서의 명품 소비 심리. *한국 주관성 연구학회*. 제19호.

문화체육관광부. (2020a). *2018 스포츠산업백서*.

문화체육관광부. (2020b). *2019 스포츠산업실태조사 보고서*.

장지혜. (2009). 루이비통연구=A study of Louis Vuitton, 이화여자대학교 의류직물학과 박사학위논문.

전라북도 문화관광 재단. (2020). 완주예술온플랫폼 비대면 콘텐츠 제작 지원사업 공모.

조광익, 도경록. (2010). 여가 소비와 문화자본의 관계 –여가 스포츠 활동을 중심으로–. 관광연구, 제25권 제5호, 291-314.

최낙환, 나광진, 라지은. (2015). 브랜드 명품성과 확장된 마케팅 믹스의 관계.브랜드디 자인학연구, 제13권.

최지현, 최희준, 서예솔, 김남희, 김지원, 최미연. (2017). 밀레니얼 세대를 위한 럭셔리 브랜드의 마케팅 전략, 한국패션디자인 학회 춘계학술대회 발표논문집.

Americans for the Arts. (2020). AMERICANS FOR THE ARTS COVID-19 SURVEY DOCUMENTS DEVASTATING LOSSES TO THE ARTS. *Americans for the Arts*. https://www.americansforthearts.org/news-room/americans-for-the-arts-news/americans-for-the-arts-covid-19-survey-documents-devastating-losses-to-the-arts.

Berthon, P., Pitt, L., Parent, M., & Berthon, J. (2009). *Aesthetics and Ephermerality:Observing and Preserving the Luxury Brand*, University of California Press.

Bourdieu, P. (1979). Les trois états du capital culturel. In: Actes de la recherche en sciences sociales. *L'institution scolaire*, 30, 3-6.

Bureau of Economic Analysis(BEA). (2020). Arts and Cultural Production Satellite Account, *U.S. and States 2017. Bureau of Economic Analysis. https://www.bea.gov/news/2020/arts-and-cultural-production-satellite-account-us-and-states-2017*.

De Saint Martin Monique. (1989). La noblesse et les "sports" nobles. In: Actes de la recherche en sciences sociales. *L'espace des sports-2*, 80, 22-32;

Holmqvist, J., Wirtz, J., & Fritze, M. P. (2020). Luxury in the digital age: A multi-actor service encounter perspective. *Journal of Business Research*.

Le Ministère de l'économie et des Finances. (2020). Quand l'art rencontre l'industrie'. *Le Ministère de l'économie et des Finances*. https://www.economie.gouv.fr/art-et-industrie#.

PR Newswire. (2020). World Markets for Second Hand Lucury Goods, 2017-2018&2024. http://www.prnewswire.com/news-releases/world-markets-for-second-hand-luxury-goods-2017-2018—2024-300996850.html.

Ramadan, Z. (2019). The democratization of intangible luxury. *Marketing intelligence & planning*, 37(6).

Ryu, S. (2020). Online luxury goods with price discount or onsite luxur goods with luxury services: Role of situation-specific thinking styels and socio-demographics. *Joiurnal of Retailing and Consumer Services*, 57.

Turner, L. (2020). Le poids économique de la culture en 2018. *Culture Chiffres*.

Turunen, L. L. M., Cervellon, M. C., & Carey, L. D. (2020). Selling second-hand luxury:Empowerment and enactment of social roles. *Journal of Business Research*, 116.

Tynan, C., McKechnie, S., & Chhuon, C. (2010). Co-creating value for luxury brands. *Journal of business research*, 63(11), 1156-1163.

Ⅴ. 자동화와 일자리의 미래: 한국의 경우

독일연방노동사회부. (2016). 『노동 4.0 백서』. 대한민국 고용노동부 번역.

정대희. (2015). 자본과 노동 간 대체탄력성의 추정: 노동소득분배에 대한 함의를 중심으로. 『KDI 정책연구시리즈』, 22.

최강식, 조윤애. (2013). 숙련편향적 기술진보와 고용, *Issue Paper*, 2013-318, 산업연구원.

통계청, 경제활동인구조사. www.kosis.kr.

한국은행, 「국민계정」. ecos.bok.or.kr.

World KLEMS 한국데이터. (2014).

Acemoglu, D. (2002). Technical Change, Inequality, and the Labor Market. *Journal of Economic Perspectives*, 40, 7-72.

Acemoglu, D., & Autor, D. H. (2011). Skills, Tasks and Technologies: Implications for

Employment and Earnings. *Handbook of Labor Economics*, 4B, 1043-1171.

Acemoglu, D. & Restrepo, P. (2018). Demographics and Automation. *NBER Working Paper 24421*, March.

Acemoglu, D. & Restrepo, P. (2019a). Automation and New Tasks: How Technology Displaces and Reinstates Labor. *Journal of Economic Perspectives*, 33(2), Spring, 3-30.

Acemoglu, D. & Restrepo, P. (2019b). The Wrong Kind of AI? Artificial Intelligence and the Future of Labor Demand. *NBER Working Paper 25682*, March.

Autor, D. H. (2015). Why Are There Still So Many Jobs? The History and Future of Workplace Automation. *Journal of Economic Perspectives*, 29(3), 3-30.

Federal Reserve Economic Data (FRED) from St. Louise FED.

Katz, L.. F., & Autor, D. H. (1999). Changes in the Wage Structure and Earnings Inequality. *Handbook of Labor Economics*, 3A, 1463-1555.

Korea Productivity Center, Productivity Statistics Database (PSD)

Park, K. (2020). Automation and New Tasks: How Technology Displaces and Reinstates Labor in the Korean Economy. Master's Degree Dissertation, The Graduate School, Yonsei University.

VI. 보도된 미확인 정보의 비판적 수용을 위한 모바일 애플리케이션 기반 서비스의 효과와 한계

김선호, 김위근. (2019). 디지털 뉴스 리포트 2019 한국. *미디어이슈*. 5권3호, 한국언론진흥재단.

김필규. (2014.9.22.). [팩트체크] "담뱃값 인상" 서민증세 아닌 부자증세? JTBC Newsroom. https://doi.org/10.1016/j.solener.2019.02.027.

네이버 다이어리. (2017.8.30.). 새로워진 네이버 기자페이지를 소개합니다. *네이버 블로그*. https://blog.naver.com/naver_diary/221040913251.

민서영. (2020.2.6.). [팩트체크K] 국민이 낸 건강보험료로 중국인 공짜 · 할인?. *KBS*

NEWS. http://mn.kbs.co.kr/mobile/news/view.do?ncd=4376451.

박정진, 한영애. (2020a). rTag view −보도된 미확인 정보의 비판적 수용을 위한 관련 기사 제공 UI의 개발과 평가−. Journal of Integrated Design Research, 19(3), 45 − 62.

박정진, 한영애. (2020b). aTag:half_truth, 보도된 주장의 논리적 타당성 검토를 위한 사용자 인터페이스. 한국디자인학회 가을 국제학술대회 논문집.

서울대학교 언론정보연구소. (2020). SNU FactCheck. SNU Factcheck. https://factcheck.snu.ac.kr/v2/facts/2067.

스팟뉴스팀. (2014.9.19.). 나성린 "담배소비량, 잘사는 상위가 더 많아". *데일리안*. http://news.naver.com/main/read.nhn?mode=LSD&mid=sec&sid1=001&oid=119&aid=0002040617.

오대영. (2019.6.19.a). [팩트체크] 황교안 "외국인 노동자, 한국 경제에 기여 없다" 발언 검증. *JTBC Newsroom*. http://news.jtbc.joins.com/article/article.aspx?news_id=NB11835630&pDate=20190619.

오대영. (2019.6.20.b). [팩트체크] 국민 아닌데 국민연금?…'외국인 혐오' 부추기는 거짓정보. *JTBC Newsroom*. http://news.jtbc.joins.com/article/article.aspx?news_id=NB11836301.

이별님. (2020.2.19). [팩트체크] 중국인들 때문에 '건강보험' 재정 악화된다?. *뉴스포스트*. http://www.newspost.kr/news/articleView.html?idxno=76220.

정은나리. (2020.2.9.). 외국인 치료에 혈세 '줄줄'… 신종코로나 이후 건보료 불만 '부글부글'. *세계일보*. https://www.msn.com/ko-kr/news/other/외국인-치료에-혈세-줄줄…-신종코로나-이후-건보료-불만-부글부글/ar-BBZNMT2.

정종문. (2019.6.19.). "외국인 노동자에 동일 임금, 불공정"…황교안 발언 논란. *JTBC Newsroom*. http://news.jtbc.joins.com/article/article.aspx?news_id=NB11835631.

조철환. (2020.3.15.). 한국 진단키트 신뢰성 논란, 미 의원 "적절치 않다" vs 질본 "WHO 인정한 진단법". *한국일보*. https://www.hankookilbo.com/News/Read/202003151135772990.

하선영. (2020.8.14). 175만명 구독하는 네이버 기자 페이지 달라진다 : 네이버 뉴스. 중앙일보. https://news.naver.com/main/read.nhn?mode=LSD&mid=sec&sid1=001&oid

=025&aid=0003026105.

현일훈. (2020.1.31.). 한국당 "우리도 없어 난리인데"…마스크 300만개 中지원 논란. 중앙일보. https://news.joins.com/article/23694604.

Arif, A., Robinson, J. J., Stanek, S. A., Fichet, E., Townsend, P., Worku, Z., & Starbird, K. (2017). A closer look at the self-correcting crowd: Examining corrections in online rumors. Proceedings of the ACM Conference on Computer Supported Cooperative Work. *CSCW*, 155–168.

Bode, L., & Vraga, E. K. (2015). In Related News, That Was Wrong: The Correction of Misinformation Through Related Stories Functionality in Social Media. *Journal of Communication*, 65(4), 619–638.

Clayton, K., Blair, S., Busam, J. A., Forstner, S., Glance, J., Green, G., Kawata, A., Kovvuri, A., Martin, J., Morgan, E., Sandhu, M., Sang, R., Scholz-Bright, R., Welch, A. T., Wolff, A. G., Zhou, A., & Nyhan, B. (2019). Real Solutions for Fake News? Measuring the Effectiveness of General Warnings and Fact-Check Tags in Reducing Belief in False Stories on Social Media. *Political Behavior*.

Delgado, P., Vargas, C., Ackerman, R., & Salmerón, L. (2018). Don't throw away your printed books: A meta-analysis on the effects of reading media on reading comprehension. *Educational Research Review*, 25(January), 23–38.

Dunaway, J., Searles, K., Sui, M., & Paul, N. (2018). News Attention in a Mobile Era. *Journal of Computer-Mediated Communication*, 23(2), 107–124.

Hegeman, J. (2020, June 25). Providing People With Additional Context About Content They Share. *About.Fb.Com*. https://about.fb.com/news/2020/06/more-context-for-news-articles-and-other-content/.

Hughes, T., Smith, J., & Leavitt, A. (2018). Helping People Better Assess the Stories They See in News Feed with the Context Button. *Facebook*. https://about.fb.com/news/2018/04/news-feed-fyi-more-context/.

Lyons, T. (2017, December 20). Replacing Disputed Flags With Related Articles - About

Facebook. *Facebook.* https://about.fb.com/news/2017/12/news-feed-fyi-updates-in-our-fight-against-misinformation/.

Mena, P. (2019). Cleaning Up Social Media: The Effect of Warning Labels on Likelihood of Sharing False News on Facebook. *Policy & Internet,* 12(2), 165 – 183.

Mitchell, A., Gottfried, J., Barthel, M., & Sumida, N. (2018). Distinguishing Between Factual and Opinion Statements in the News. *Pew Research Center,* 1 – 9.

Moran, C. (2019, April 2). Why we're making the age of our journalism clearer at the Guardian. *The Guardian.* https://www.theguardian.com/help/insideguardian/2019/apr/02/why-were-making-the-age-of-our-journalism-clearer.

Mosseri, A. (2016). Addressing Hoaxes and Fake News. *Facebook.* https://about.fb.com/news/2016/12/news-feed-fyi-addressing-hoaxes-and-fake-news/.

Pennycook, G., Cannon, T. D., & Rand, D. G. (2018). Prior exposure increases perceived accuracy of fake news. *Journal of Experimental Psychology: General,* 147(12), 1865 – 1880.

Pennycook, G., & Rand, D. G. (2019). Lazy, not biased: Susceptibility to partisan fake news is better explained by lack of reasoning than by motivated reasoning. *Cognition,* 188, 39 – 50.

Roth, Y., & Pickles, N. (2020, May 11). Updating our approach to misleading information. *Twitter.Com.* https://blog.twitter.com/en_us/topics/product/2020/updating-our-approach-to-misleading-information.html.

Smith, J., Jackson, G., & Leavitt, A. (2018, April 4). Designing New Ways to Give Context to News Stories | by Jeff Smith | Facebook Design | Medium. *medium.com.* Https://Medium.Com/Facebook-Design/. https://medium.com/facebook-design/designing-new-ways-to-give-context-to-news-stories-f6c13604f450.

Smith, J., Jackson, G., & Raj, S. (2017). Designing Against Misinformation. Https://Medium.Com/. *medium.com.* https://medium.com/facebook-design/designing-against-misinformation-e5846b3aa1e2.

Stanford, C., Dudding, W., & Schaverien, A. (2020, May 15). News Quiz: Coronavirus,

Walt Disney, Little Richard – The New York Times. The New York Times. Https://
www.nytimes.com/interactive/2020/05/15/briefing/coronavirus-walt-disney-little-
richard-news-quiz.html.

Stroud, N. J., Duyn, E. Van, & Peacock, C. (2016). Survey of Commenters and
Comment Readers. *mediaengagement.org*, https://mediaengagement.org/research/
survey-of-commenters-and-comment-readers/.

Su, S. (2017, April 25). New Test With Related Articles. *about.fb.com*. https://about.
fb.com/news/2017/04/news-feed-fyi-new-test-with-related-articles/.

Toulmin, S. (2003). *The Uses of Argument (2nd ed.)*. Cambridge University Press.

Vo, N., & Lee, K. (2018). The rise of guardians: Fact-checking URL recommendation
to combat fake news. *41st International ACM SIGIR Conference on Research and
Development in Information Retrieval, SIGIR 2018*, 275–284.

Ⅷ. 인공지능 돌봄 서비스, 독거 어르신과의 만남

과학기술정보통신부, 한국인터넷진흥원. (2019). 2018 인터넷이용실태조사.

국정기획자문위원회. (2017). 문재인정부 국정운영 5개년 계획.

보건복지부, 독거노인종합지원센터. (2018). 2018년 독거노인 친구만들기 사업 효과성
평가연구. 독거노인종합지원센터. 2018-07.

보건복지부. (2020). 노인맞춤돌봄서비스 사업안내, 노인맞춤돌봄서비스(2019).

보건복지부, 중앙자살예방센터. (2020). 2020 자살예방백서.

통계청. (2019). 2019년 장래인구특별추계를 반영한 세계와 한국의 인구현황 및 전망.

Chen, Y. & Persson, A. (2002). Internet use among young and older adults: Relation to
psychological well-being. *Educational Gerontology*, 28(9), 731–744.

Shapira, N., Barak, A., & Gal, I. (2007). Promoting older adults' well-being through
Internet training and use. *Aging & Mental Health*, 11(5), 477–484.

Ⅷ. 신종 코로나바이러스(COVID-19) 시대 직장인의 개인 정보 보호 시 고려 사항

고용노동부. (2020). 성공적인 재택근무 도입을 위한 길잡이 재택근무 종합 매뉴얼.

이재형. (2020.6.2.). 대중교통 이용 시 마스크 착용은 의무입니다!. *대한민국 정책브리핑*. *https://www.korea.kr/news/reporterView.do?newsId=148872919.*

정용주, 김진수. (2020). 재택근무 제도강화와 테크노스트레스가 업무생산성에 미치는 영향에 관한 연구: 행동통제와 기술준비도의 조절효과를 중심으로. *Journal of Information Technology Applications & Management*, 제27권4호, 63-83.

정찬모, 장재옥, 최경진, 이민영, 이범룡. (2003). 직장내 근로자의 프라이버시 보호를 위한 법제도 연구. *정책연구*. 03-7, 정보통신정책연구원.

정환봉. (2018). 뿌리 깊은 삼성의 직원 사찰. *한겨레21*. 제1202호. http://h21.hani.co.kr/arti/special/special_general/45009.html.

행정안전부, 고용노동부. (2015). 『개인정보보호 가이드라인(인사 · 노무 편)』.

Arlington, V. (2020, April 14). *Gartner* HR Survey Reveals 41% of Employees Likely to Work Remotely at Least Some of the Time Post Coronavirus Pandemic. Gartner. https://www.gartner.com/en/newsroom/press-releases/2020-04-14-gartner-hr-survey-reveals-41—of-employees-likely-to-.

Castillo, A. D. (2020, May 7). Is your company spying on Digital surveillance tools track your productivity when working from home Thursday. *abc7news.com*. https://abc7news.com/work-from-home-working-jobs-coronavirus-tips/6158718/.

Digital Rights Program. (2020). WORKPLACE PRIVACY AFTER COVID-19. Digital Rights Program. https://www.citizen.org/wp-content/uploads/Workplace-Privacy-after-Covid-19-final.pdf.

European Data Protection Board (EDPB). (2020, March 19). Statement on the processing of personal data in the context of the COVID-19 outbreak. *European Data Protection Board*. https://edpb.europa.eu/our-work-tools/our-documents/outros/statement-processing-personal-data-context-covid-19-outbreak_en.

Heinzke, P., & Engel, L. (2020, March 23). German authorities stress data protection laws must be obeyed during epidemic. *Lexology.com.* https://www.lexology.com/library/detail.aspx?g=0e26d5eb-2827-43df-81b3-2a3f71ca3eef.

Information Commissioner's Office. (2020). Regulatory approach. *Information Commissioner's Office.* https://ico.org.uk/global/data-protection-and-coronavirus-information-hub/coronavirus-recovery-data-protection-advice-for-organisations/regulatory-approach/.

International Labour Organization. (2020). ILO Standards and COVID-19 (coronavirus). *International Labour Organization.* https://www.ilo.org/wcmsp5/groups/public/---ed_norm/---normes/documents/genericdocument/wcms_739937.pdf.

Ravindranath, M. (2020, June 26). Coronavirus opens door to company surveillance of workers. *Politico.com.* https://www.politico.com/news/2020/06/26/workplace-apps-tracking-coronavirus-could-test-privacy-boundaries-340525.

Rodrizuez, K., & Windwehr, S. (2020, September 10). Workplace Surveillance in Times of Corona, Electronic Frontier Foundation. *eff.org.* https://www.eff.org/ko/deeplinks/2020/09/workplace-surveillance-times-corona.

Schawbel Dan. (2020, August 17). How Covid-19 has Accelerated the Use of Employee Monitoring. *linkedin.com.* https://www.linkedin.com/pulse/how-covid-19-has-accelerated-use-employee-monitoring-dan-schawbel.

White, A. (2020, August 10). Barclays Probed by U.K. Privacy Agency for Snooping on Staff. *Bloomberg.com.* https://www.bloomberg.com/news/articles/2020-08-10/barclays-probed-by-u-k-privacy-regulator-for-snooping-on-staff.

World Health Organization. (WHO). (2020, October 31). WHO Coronavirus Disease (COVID-19) Dashboard. *World Health Organization.* https://covid19.who.int/?gclid=Cj0KCQjwlvT8BRDeARIsAACRFiUs9si8bteq2vZrKEzNIq7RdJPUi4FCVJtlvc2guXMYvnIQv2IsrAoaAqQ9EALw_wcB.

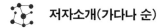 **저자소개(가다나 순)**

김범수(연세대학교 정보대학원/바른ICT연구소)

미국 텍사스오스틴대학교에서 정보시스템학 박사학위를 받았다. ISACA KOREA(한국정보시스템감사통제협회) 회장을 역임했다. 현재 OECD DGP(데이터 거버넌스 · 프라이버시) 부의장으로 활동 중이며, 연세대학교 정보대학원 원장, 바른ICT연구소 소장으로 재직 중이다.

김승현(연세대학교 경영대학)

미국 카네기멜론(Carnegie Mellon)대학에서 박사학위를 받았다. 싱가폴국립대(National University of Singapore)에서 조교수로 근무했다. 현재 경영정보학회 연구부회장으로 활동 중이며, 연세대학교 경영대학 경영정보학 전공 교수, 연세대학교 경영연구소 부소장으로 재직 중이다.

김재엽(연세대학교 사회복지학과)

미국 시카고대학교에서 사회복지학 박사학위를 받았다. 연세대학교 사회과학대학 학장과 사회복지대학원장을 역임했다. 현재 사회복지학과 교수로 재직 중이다.

도보람(연세대학교 경영대학)

미국 Boston College에서 조직학으로 박사학위를 받았고, 현재 연세대학교 경영대학 조교수로 재직 중이다.

박경기(연세대학교 경제연구소)

미국 미시간대학교에서 경제학을 전공했고 연세대학교 경제학부에서 석사학위를 받았다. 현재 경제연구소에서 연구원으로 재직 중이다.

양희동(이화여자대학교 경영대학)

미국 Case Western Reserve 대학교에서 정보시스템학 박사학위를 받았다. 이화여대 경영전문대학원장을 역임했다. 한국지식경영학회 회장으로 활동 중이며, 2022년 임기 개시되는 한국경영정보학회 회장으로 선출됐다. 현재 이화여자대학교 경영대학 교수로 재직 중이다.

오주현(연세대학교 바른ICT연구소)

연세대학교에서 사회학 박사학위를 받았다. 현재 연세대학교 바른ICT연구소에서 연구교수로 재직 중이다.

장대연(연세대학교 사회복지연구소)

연세대학교 사회복지대학원 박사과정에 재학 중이며, 가족 · 청소년 복지를 전공하고 있다. 현재 사회복지연구소 연구원으로 재직 중이다.

장재영(연세대학교 정보대학원)

연세대학교 정보대학원 박사과정에 재학 중이며, 정보보호를 전공하고 있다. 현재 한국인터넷진흥원노동조합 위원장, 광주전남공동혁신도시 이전기관 노동조합 협의회 의장으로 재직 중이다.

최강식(연세대학교 경제학부)

미국 Yale University에서 경제학으로 박사 학위를 받았다. 한국 경제학회 이사 및 《경제학연구》의 편집위원장을 지냈으며, 국민경제자문위원회 및 규제개혁위원회 등에서 위원으로 활동했다. 현재 연세대학교 경제학부 교수로 재직 중이다.

최정혜(연세대학교 경영대학)

미국 University of Pennsylvania에서 마케팅으로 박사학위를 받았고, 현재 연세대학교 경영대학 교수로 재직 중이다.

한치훈(연세대학교 정보대학원)

한국외국어대학교에서 경영정보학을 전공했다. 현재 연세대학교 정보대학원에서 석사과정에 재학 중이다.

한영애(연세대학교 미래캠퍼스 디자인예술학부)

미국 Illinois Institute of Technology에서 디자인학 박사학위를 받았고, 핀란드 Aalto University에서 박사 후 연구과정을 밟았다. 현재 연세대학교 미래캠퍼스 디자인예술학부 교수로 재직 중이다.